»Wenn ich mich frage, woher es kommt, dass gerade ich die Relativitätstheorie gefunden habe, so scheint es an folgendem Umstand zu liegen: Der normale Erwachsene denkt nicht über Raum-Zeit-Probleme nach. Alles, was darüber nachzudenken ist, hat er nach seiner Meinung bereits in der frühen Kindheit getan. Ich dagegen habe mich derart langsam entwickelt, dass ich erst anfing, mich über Raum und Zeit zu wundern, als ich erwachsen war. Naturgemäß bin ich tiefer in die Problematik eingedrungen als ein gewöhnliches Kind.«
Albert Einstein

Martin Kornelius, geboren 1961, studierte Theologie und Physik und arbeitet heute für eine Medienagentur. Eigentlich wollte er Einsteins Theorie nur seinen Kindern erklären, aber »kinderleicht« hat es schließlich jeder gerne.

Martin Kornelius

Einstein light

Mit Schwarzweißabbildungen

Deutscher Taschenbuch Verlag

Originalausgabe
März 2005
© 2005 Deutscher Taschenbuch Verlag GmbH & Co. KG,
München
www.dtv.de
Das Werk ist urheberrechtlich geschützt. Sämtliche, auch
auszugsweise Verwertungen bleiben vorbehalten
Umschlagkonzept: Balk & Brumshagen
Umschlagfoto: © California Institute of Technology
Redaktion und Satz: Lektyre Verlagsbüro
Olaf Benzinger, Germering
Gesetzt aus der Sabon 10/12°
Druck und Bindung: Druckerei C. H. Beck, Nördlingen
Gedruckt auf säurefreiem, chlorfrei gebleichtem Papier
Printed in Germany · ISBN 3-423-34174-2

Inhalt

Für Lukas und Miriam,
die am Beginn des großen Abenteuers stehen.

Ein erster Ausflug

>*Ich habe keine besondere Begabung,*
ich bin nur leidenschaftlich neugierig.<
Albert Einstein

Reisezeit

Der Abend des 4. Oktober 1971. Von Washington aus startet eine »seltsame« Reisegesellschaft zu einem Flug rund um die Welt. Zwei Männer schnallen ihre Mitreisenden auf vorgebuchten Plätzen fest, von nun an werden sie sie nicht mehr aus den Augen lassen. Dies ist ihre erste Weltreise, und die Gelegenheit ist günstig, denn Weltreisen werden noch nicht lange von den Fluggesellschaften angeboten. Der Flug wird weltweite Aufmerksamkeit erregen, selbst das ehrwürdige Nachrichtenmagazin ›TIME‹ wird in der Ausgabe vom 18. Oktober von dieser Reise berichten. Die zwei Begleiter geben später zu, dass die Reise nicht ganz einfach war, eine gewisse Störrigkeit der Festgeschnallten machte ihnen zu schaffen. Dennoch ist der Flug Gesprächsstoff bei jedem Zwischenhalt der Boing 747, auch wenn man ihr offensichtlich nicht so recht traut.

Die Reisegäste sind vier Atomuhren, zusammengepackt immerhin noch in der Größe eines mittleren Beistellschrankes, rund sechzig Kilogramm schwer. Zwei Physiker, Joseph Hafele von der Washington-Universität in St. Louis und Richard Keating vom U.S. Naval Observatorium in Washington D.C., buchen vier Plätze für diese Flugreise rund um die Welt: Zwei Plätze sind für sie selbst, auf die beiden anderen packen sie die schweren Atomuhren.

Diese Uhren sind die genauesten Zeitmesser und dienen ansonsten dem Abgleich anderer Atomuhren. Vor dem Abflug werden sie mit einer weiteren Atomuhr abgeglichen, die im U.S. Naval Observatorium zurückbleibt. Hafele und Keating fliegen zunächst in Richtung Osten, ihr Flug führt sie über Istanbul, Bangkok, Tokio und schließlich wieder nach Washington zurück. Vier Tage später sind die beiden wieder rund um die Welt unterwegs. Dieses Mal in westlicher Richtung. Warum unternehmen die beiden diesen Flug um die Welt?

Zu Beginn des 20. Jahrhunderts, über fünfzig Jahre vor dieser seltsamen Weltreise, behauptete ein Berner Patentangestellter, dass die Zeit nicht absolut und unveränderlich sei. Die Geschwindigkeit, mit der die Zeit vergeht, könne von Ort zu Ort unterschiedlich sein. Ja, schon die Bewegung einer Uhr bewirke, dass diese etwas langsamer ginge als ihre ruhenden Kolleginnen. Der dies behauptete, war Albert Einstein, der damals gerade am Beginn seiner wissenschaftlichen Karriere stand. In

Albert Einstein

1905 veröffentlicht der 26-jährige Albert Einstein in seinem so genannten »annus mirabilis« – dem »Wunderjahr« – seine ersten Arbeiten. Für eine dieser Arbeiten erhält er 1921 den Nobelpreis für Physik. Einstein ist zu dieser Zeit technischer Vorprüfer am »Eidgenössischen Amt für geistiges Eigentum«, dem Berner Patentamt. Seine Arbeiten beseitigen die tiefen Risse in der zeitgenössischen Wissenschaft. Denn die beiden großen Theorien dieser Zeit, die Physik Newtons und die Maxwell'sche Theorie des Elektromagnetismus, passen nicht so recht zusammen.

Für Einstein sind seine 1905er Arbeiten der Beginn von Überlegungen, die 1915 in das Meisterstück der Allgemeinen Relativitätstheorie münden. Nach zehn Jahren intensiven Nachdenkens und Forschens ist es ihm dann schließlich gelungen, auch die Gravitation in seine Relativitätstheorie einzubinden. Damit wälzt er die herrschenden Vorstellungen von Raum und Zeit radikal um. George Bernard Shaw in einer Tischrede 1930: »Einstein hat nicht die Tatsachen der Wissenschaft angegriffen, wohl aber die allgemein gültigen Grundsätze der Wissenschaft.«

seinen bemerkenswerten Arbeiten mit diesen »seltsamen« Ansichten sollte er das herrschende wissenschaftliche Weltbild umstürzen.

Genau das nun wollten Hafele und Keating mit ihrem ungewöhnlichen Experiment nachweisen. Joseph Hafele hatte zuvor schon den winzigen Unterschied im Gang der Uhren berechnet und mit der Genauigkeit der zeitgenössischen Uhren verglichen. Und er folgerte, dass der winzige Unterschied mit den verfügbaren Atomuhren gemessen werden könne.

Allerdings wird die Sache dadurch komplizierter, dass zwei unterschiedliche »Einstein'sche« Effekte mitspielen, die sich zum Teil auch gegenseitig aufheben. So bewirkt die Flughöhe, dass die Uhren schneller gehen als die Uhr am Boden. Die Bewegung der Uhren selbst aber verlangsamt diese. Da sich die Uhr in Washington mit der Erde mitdreht, muss auch deren Bewegung berücksichtigt werden. Beim Westflug läuft die Bodenuhr den Uhren im Flugzeug hinterher, beim Flug nach Osten eilt sie die-

---

Albert Einstein wird am 14. März 1879 in Ulm geboren. Er ist ein durchaus fleißiger Schüler (und später auch Student), dabei dem Schulstoff gerade in Mathematik und Physik weit voraus. Früh interessiert er sich für die großen Zusammenhänge und liest sich in die Klassiker der Geometrie und Physik ein. Nach seinem Studium der Mathematik und Physik verdient er seinen Unterhalt als Lehrer und Hauslehrer und bekommt 1902 schließlich die genannte Stelle im Berner Patentamt. Diese Stelle gibt ihm die Möglichkeit, sich weiter intensiv mit physikalischen Fragen zu beschäftigen. 1909 wird Albert Einstein mit nur dreißig Jahren außerordentlicher Professor für Theoretische Physik an der Universität Zürich. 1914 folgt Einstein dem Ruf an die Universität Berlin. Er erhält dort eine Professur ohne Lehrverpflichtung und kann sich frei seinen Forschungen widmen. Von einer Vortragsreise in den USA 1932 kehrt Einstein aufgrund der politischen Verhältnisse in Deutschland nicht mehr zurück. Albert Einstein stirbt am 18. April 1955 in Princeton (New Jersey).

Albert Einstein, 1879–1955

sen entgegen. Insgesamt sollten dann die Uhren im Flugzeug beim Westflug um eine Winzigkeit schneller, beim Ostflug um eine Winzigkeit langsamer gehen als die Uhr in Washington.

Und tatsächlich: Der Gang der Uhren unterschied sich voneinander. Fast exakt zur Berechnung – was auch in der Physik bemerkenswert ist – betrug der Unterschied zur Vergleichsuhr in Washington die winzige Zeitspanne von 59 (Ostflug) bzw. 273 Milliardstel Sekunden (Westflug). War dies nicht eine hervorragende Bestätigung der Einstein'schen Vorstellungen? Das Medienecho war auf jeden Fall gewaltig.

Tatsächlich war aber die Einstein'sche Theorie, die solche seltsamen Erscheinungen beschreibt, zur Zeit des Weltfluges von Hafele und Keating schon wesentlich weiter, sie war längst zur Grundlage und Voraussetzung für die moderne Physik geworden. Der Tisch der Wissenschaft war reich gedeckt zu jener »Goldenen Zeit der experimentellen Gravitation«, wie sie Clifford M. Will nennt.

Dabei fielen natürlich »Brocken« ihrer Erkenntnisse und Einsichten in die Natur auch der Öffentlichkeit zu – faszinierende Gebilde wie die »Schwarzen Löcher« oder Geschehnisse wie der »Urknall«. Und Einstein selbst war den meisten als weltgeschichtliche Persönlichkeit, vielen auch als Ikone und Vorbild bekannt. Doch die Ideen, die hinter der Theorie Einsteins standen, ihre grundlegenden Ansichten von Raum und Zeit, die das

Weltbild revolutionierten, waren bis dahin kaum an die Öffentlichkeit gelangt. Umso mehr musste natürlich dieser Flug beeindrucken, widerspricht er doch dem gesunden Menschenverstand. Der Fluss der Zeit, dem keiner entrinnen kann, der unbeeindruckt von unseren täglichen Geschäften dahinfließt und uns in die unbekannte Zukunft trägt – dieser Fluss soll von einem simplen touristischen Flug beeindruckt werden? Beschleunigt oder verlangsamt, kurzum wie ein Stück Kaugummi gedehnt? Zumutung oder Wissenschaft?

Wir wollen anhand der heutigen Erkenntnisse, der inzwischen schier unübersehbaren Ergebnisse der »experimentellen Gravitation« diesen Ideen Einsteins nachgehen, seinen Vorstellungen von Raum und Zeit. Denn Einstein stellt uns tatsächlich eine ungewöhnliche Welt vor. Eine Welt, in der die Zeit verlangsamt oder beschleunigt wird, in der der Fluss der Zeit Wellen schlägt und zu strudeln beginnt. Der Raum biegt und verformt sich. Raum, Zeit und Bewegung, Satelliten, Pulsare und Schwarze Löcher, es ist eine erstaunliche Welt, die uns Einstein eröffnet, und vor allem: Es ist – dafür sprechen alle Experimente und Beobachtungen – die Welt, in der wir leben.

Schalen der Zeit

Wir schreiben das Jahr 1975. Carroll Alley trifft die letzten Vorbereitungen, er leitet eine Forschungsgruppe an der Universität von Maryland, die – weniger volkstümlich und um einiges aufwändiger als die Weltreise von Hafele und Keating – die Einstein'schen Folgerungen zur Zeitverlangsamung in hoher Präzision messen will. Von September 1975 bis Januar 1976 finden die Experimente statt, wieder wird ein Flugzeug eingesetzt. Das Flugzeug der U.S. Navy kreist hier aber in insgesamt fünf Flügen mit Atomuhren an Bord jeweils 15 Stunden lang in einer Höhe von fast 10 000 Metern. Zur Kontrolle bleibt auch bei diesem Experiment eine weitere Gruppe von Atomuhren am Boden zurück. Sowohl die Uhren am Boden als auch jene in den Flugzeugen werden in speziellen Behältern gegen Einflüsse aller Art geschützt. Das Flugzeug selbst wird vom Radar überwacht und die Bewegung akribisch aufgezeichnet. Tatsächlich, nach jedem Flug sind die Uhren an Bord des Flugzeuges um etwa fünfzig Milliardstel Sekunden vorgegangen.

Kein halbes Jahr nach Abschluss dieser Untersuchungen wird das bisher genaueste Experiment zur Zeitdehnung in Erdnähe durchgeführt. Dieser Versuch von Robert Vessot vom Smithsonian Astrophysical Observatory in Cambridge wird auch unter dem Namen »Gravity Probe A« bekannt werden.

Am 18. Juni startet eine Scout D Rakete vom NASA Wallops Flight Center in Virginia. Sie trägt eine Atomuhr (genauer eine hochpräzise Wasserstoff-Maser-Atomuhr) in eine Höhe von etwa 10 000 Kilometer, also in tausendfach größere Höhe als die Maryland-Atomuhr. Etwa zwei Stunden lang sendet die Uhr Mikrowellen-Signale Richtung Boden, bevor sie 600 Kilometer vom Startplatz entfernt in den Atlantik fällt. Die Signale werden mit einer baugleichen Uhr verglichen, die in der NASA-Leitstelle in Virginia zurückgeblieben ist. Die Auswertung der aufgezeichneten Daten dauert etwas mehr als zwei Jahre. Dann steht fest, dass die Atomuhr am Scheitelpunkt des Fluges um etwa ein Milliardstel schneller gegangen ist. Tatsächlich ist die Uhr fast 400 Mal schneller gelaufen als die Maryland-Atomuhr. Dies bedeutet, dass die Uhr im Satelliten in hundert Jahren um knapp eine Sekunde vorgehen würde.

🕐 **Die Zeit läuft an verschiedenen Orten unterschiedlich schnell.**

Lassen Sie sich diesen Satz auf der Zunge zergehen. Es geht nicht darum, dass Uhren oder sonstige Zeitmesser beeinflusst werden. Es geht auch nicht darum, dass wir den Eindruck haben, die Zeit krieche dahin oder eile uns davon. Es geht hier um »die Zeit« an sich. Folgen wir der Einstein'schen Theorie, dann ist nämlich tatsächlich die Zeit selbst beeinflusst, nicht die Atomuhren!

Und dort, wo die Zeit schneller verläuft, altern wir schneller, denken und handeln wir schneller. Natürlich geht dort auch eine Uhr schneller.

Offensichtlich hängt es von der Höhe ab, wie schnell die Zeit verläuft. Je höher, desto schneller, bei Gravity Probe A mehr als beim Maryland-Experiment. Am Erdboden selbst vergeht die Zeit entsprechend am langsamsten. Diese verlangsamte Zeit oder »Dehnung der Zeit« gegenüber der Höhe ist winzig klein. Sie bewegt sich in der Größenordnung von Milliardstel Sekunden.

Welches Bild können wir uns machen, wenn wir die gesamte Erde in den Blick nehmen? Schicht um Schicht gedehnter Zeit umhüllt die Erde. Die innerste Schicht liegt an der Erdoberfläche an und markiert die Orte mit der am meisten gedehnten Zeit. Hier läuft die Zeit am langsamsten. Nach außen schließen sich Schalen mit je geringerer Zeitdehnung an. Natürlich dürfen wir uns keine Sprünge von Schale zu Schale denken, es ist ein allmählicher Übergang vom langsamsten Zeitfluss auf der Erde zu der schnelleren Zeit weiter »draußen«. Und jeder Himmelskörper ist von Schalen, Sphären gedehnter Zeit umgeben. Das Universum, angefüllt mit diesen Sphären, großen und kleinen, die sich gegenseitig durchdringen, eine Sphäre der Erde in der größeren der Sonne in der noch größeren der Milchstraße … So kehren – zumindest in unserem Bild – die Sphären des Ptolemäus zurück, als Vorstellungshilfe für den Zeitablauf. Und auch die Sphärenmusik, denn die Zeitschalen geraten in Schwingungen. Doch wir greifen vor.

Es liegt natürlich nahe, die Erde mit ihrer gewaltigen Masse als Ursache dieser Zeitverlangsamung zu sehen. Ebenso nahe liegt es, eine stärkere Verlangsamung bei »massigeren« Himmelskörpern zu erwarten. Die Zeit wird in der Nähe Jupiters oder gar der Sonne stärker verlangsamt sein als in der Nähe der Erde. Genügend weit weg von der Erde und allen anderen Himmelskörpern könnten wir dann eine Art »Normalzeit« erwarten, die kaum oder nur unmerklich beeinflusst ist von jeder Verlangsamung. Tatsächlich liefert uns die Einstein'sche Gravitationstheorie diesen Zusammenhang.

Offensichtlich benötigen wir schon sehr genaue Uhren, um die Verlangsamung der Zeit nachmessen zu können. Und doch, diese winzige Zeitspanne ist die Tür zu der erstaunlichen Welt Albert Einsteins.

🕐 **Massen* verändern den Zeitablauf in ihrer Umgebung. Uhren laufen deshalb in der Nähe von Himmelskörpern langsamer als weiter von ihnen entfernt.**

Tasten wir uns durch die Sphäre der Zeit, die unsere Erde umhüllt. Wie wir bei Gravity Probe A gesehen haben, geht eine Uhr in 10 000 Kilometern Höhe gegenüber dem Erdboden immerhin schon alle tausend Jahre um 13½ Sekunden vor. In wesentlich weiterer Entfernung beschleunigt die Uhr schließlich bis etwa 22 Sekunden alle tausend Jahre. Natürlich wollen wir voraussetzen, dass die dortige Uhr sich nicht in der Nähe anderer Himmelskörper befindet. Sie soll die »Normalzeit« anzeigen, wie wir sie genannt haben.

Gehen wir wieder näher an die Erde heran und beobachten weiterhin den Gang der Uhren im Vergleich zu einer Uhr auf dem Erdboden.

– Tausend Kilometer Höhe: die obere Grenze für das Auftreten der Polarlichter. Der erste künstliche Satellit, Sputnik 1, startete am 4. Oktober 1957 aus der ehemaligen Sowjetunion, er erreichte eine maximale Höhe von 946 Kilometern. Die Uhr geht in dieser Höhe alle tausend Jahre etwa drei Sekunden vor.

– Hundert Kilometer: Die Uhr verlangsamt auf ein wenig mehr als drei Sekunden in 10 000 Jahren.

---

* Wie wir noch sehen werden, geht es einerseits um den gesamten »Energiegehalt« eines Himmelskörpers, wovon die Masse nur ein »Teil« ist. Andererseits geht es um die Veränderung von Zeit *und* Raum.

- Ab etwa zehn Kilometer beginnt die sogenannte Stratosphäre: Dies ist die typische Flughöhe moderner Verkehrsflugzeuge, hoch aufragende Kumulus-Gewitterwolken können bis in diese Höhe reichen, der Mount Everest ist 8846 Meter hoch. Die Uhr geht nun etwa alle 100 000 Jahre dreieinhalb Sekunden gegenüber der Uhr am Boden vor.
- Ein Kilometer, tausend Meter: Die Uhr geht nun alle eine Million Jahre um dreieinhalb Sekunden vor.
- Hundert Meter: Der Turm des wunderschönen Freiburger Münsters ist 118 Meter hoch. Der Leuchtturm von Pharos im Hafen von Alexandria, eines der sieben Weltwunder der Antike, soll 134 Meter hoch gewesen sein. Die Uhr geht die dreieinhalb Sekunden etwa in zehn Millionen Jahren vor.
- Zwei Meter: Ihr Kopf altert in einer Milliarde Jahren um sieben Sekunden schneller als Ihre Füße. Zu wenig? Immerhin, auf einem typischen Neutronenstern, einer höchst kompakten Sonne (später mehr davon), würde Ihr Kopf in einem hundertjährigen Leben einen Tag älter sein als Ihre Füße. Oder umgekehrt, Ihre Füße sind jung geblieben, da die Zeit in Bodennähe langsamer vergangen ist als zwei Meter darüber in Kopfhöhe.

An welchen Orten vergeht die Zeit am langsamsten? Kann die Zeit sogar bis zum Stillstand gebracht werden? Was geschähe, wenn wir die Erde zu einer winzigen Murmel (mit all ihrer Masse) zusammenpressen würden? Hätte dies Einfluss auf die Zeitverlangsamung? Das soll uns im nächsten Kapitel beschäftigen.

Extreme Zeit

Die Zeit wird von einem Himmelskörper verlangsamt. Könnte also ein Himmelskörper mit genügend Masse die Zeit sogar zum Stillstand bringen? Oder müsste er unendlich groß, unendlich

»schwer« sein? Stellen wir uns vor, eine überirdisch machtvolle Hand würde die Erde zusammenpressen, während wir an Ort und Stelle bleiben, zunächst also auf der Erdoberfläche, dann über der kleiner werdenden Erde schweben. Unsere Uhr zeigt keine Veränderung in ihrem Gang, sie geht gegenüber einer Vergleichsuhr weit draußen nicht schneller und nicht langsamer. Natürlich setzen wir voraus, dass die überirdische Hand masselos ist, selbst also die Zeit nicht dehnt. Die Zeitschale zeigt sich unbeeindruckt von dem Geschehen mit der Erde. Offensichtlich ist es für die Dehnung der Zeit nicht wichtig, ob die Masse der Erde innerhalb der Zeitschale gleich verteilt oder auf einen winzigen Raum zusammengepresst ist. Hauptsache, sie liegt innerhalb der Zeitschale.

Betrachten wir nun aber eine Uhr, die auf der immer kleiner werdenden Erde verbleiben soll. Diese Uhr geht nun tatsächlich langsamer gegenüber unserer Uhr und natürlich dann auch der Vergleichsuhr weit draußen. Neue Schalen der Zeit entstehen,

Karl Schwarzschild und Einsteins Rezept

Karl Schwarzschild fand 1916, bald nachdem Einstein seine Allgemeine Relativitätstheorie vorgestellt hatte, die erste exakte Lösung der Einstein'schen Gleichungen. Was heißt das?

Einsteins Relativitätstheorie formuliert, vereinfacht ausgedrückt, den Zusammenhang zwischen den Massen und der Veränderung von Raum und Zeit. Dies beschreibt Einstein mit seinen sogenannten Feldgleichungen, einem Satz von zehn Formeln. Aber wie ein Backrezept beschreiben diese Formeln das »Wie« und »Was dazugehört«. Den Kuchen muss man dann schon selber backen, wie der Kuchen aussehen und schmecken wird, steht nicht im Rezept. Karl Schwarzschild hat als Erster einen Kuchen nach Einsteins Rezept für Raum und Zeit gebacken. Er konnte also zeigen, wie zum Beispiel der Zeitablauf tatsächlich verläuft, in welchen Schritten er ab- oder zunimmt. Bemerkenswerterweise genügt diese tatsächlich einfache Lösung, um wesentliche Erscheinungen in unserem Sonnensystem oder gar Schwarze Löcher zu beschreiben.

während die Erde immer kleiner wird, und sie markieren Orte mehr und mehr gedehnter Zeit.

Die Erde ist schließlich nur noch so groß wie ein Gymnastikball, dann wie ein Apfel, schließlich wie eine Haselnuss, eine Haselnuss mit der Masse der gesamten Erde! Und jetzt bleibt die Uhr tatsächlich stehen.

Die Zeit ist so stark gedehnt, dass wir keinen Zeitablauf mehr feststellen können. Sie steht still! Die machtvolle Hand musste die Erde also weder zu einem Punkt zusammenpressen, noch musste die Erde selbst unendlich schwer werden. Allerdings hat die Erde nur noch einen Durchmesser von knapp zwei Zentimetern. Eine Haselnuss mit der Masse von 5974 Trillionen Tonnen! Das sind 6000 Mal Millionen mal Millionen mal Millionen Tonnen, eine Zahl mit 21 Nullen.

Was ist erstaunlicher, dass wir die Erde zu einer winzigen Haselnuss pressen müssen, um die Zeit zum Stillstand zu bringen? Oder dass dies genügt, um die Zeit anzuhalten?

1963 gelingt es dem Mathematiker Roy Kerr, einen weiteren eigenen Kuchen zu backen, also wieder eine exakte Lösung der Einstein'schen Feldgleichungen zu finden, die Raum und Zeit in der Nähe von Himmelskörpern beschreibt. Damit wird zum Beispiel auch verstanden, wie die Drehung eines Himmelskörpers auf Raum und Zeit einwirkt (was bei Schwarzschild noch ausgeklammert war).

Einige Lebensdaten zu Karl Schwarzschild:

Karl Schwarzschild, Astronom und Physiker, wird am 9. Oktober 1873 in Frankfurt am Main geboren. 1890 beginnt er sein Studium der Astronomie in Straßburg, 1892 wechselt er nach München, wo er vier Jahre später promoviert. Schwarzschild ist von 1901 bis 1909 Direktor der Sternwarte in Göttingen, ab 1909 Direktor des Astrophysikalischen Observatoriums in Potsdam. Seine grundlegenden Arbeiten zur Einstein'schen Theorie schreibt er während seines Kriegsdienstes im Ersten Weltkrieg. 1916 kehrt er schwer krank von der Kriegsfront zurück und stirbt am 11. Mai mit 42 Jahren in Potsdam.

Übrigens müssten wir die Sonne auf einen massiven Ball von erstaunlichen sechs Kilometern Durchmesser zusammenpressen, damit auch auf ihrer Oberfläche die Zeit stillstände.

Jeder Himmelskörper hat offensichtlich einen eigenen charakteristischen Durchmesser, bei dem die Zeit stehen bleibt (sofern er auf diesen Durchmesser konzentriert wird). Die Hälfte dieses Durchmessers, also der Radius, hat einen eigenen Namen bekommen, der sogenannte »Schwarzschildradius«. Er gibt an, wie klein ein Himmelskörper mit all seiner Masse sein müsste, damit auf seiner Oberfläche die Zeit stillsteht. Ein solches Objekt nennt man auch »Schwarzes Loch«.

Offensichtlich ist ein Schwarzes Loch weder unendlich schwer noch unendlich klein. Ein Schwarzes Loch von der »Größe der Erde« hätte einen Durchmesser von knapp zwei Zentimetern und eine Masse der erwähnten sechs Trillionen Tonnen. Ein Schwarzes Loch der »Größe der Sonne« hat entsprechend immerhin schon einen Durchmesser von sechs Kilometern und eine Masse von 333 000 Erden oder 2000 mal Millionen mal Trillionen Tonnen.*

Eine Einschränkung sollte an dieser Stelle erwähnt werden. Sie wissen, was Radius bedeutet: Er bezeichnet die Entfernung von der Oberfläche zum Mittelpunkt einer Kugel. Normalerweise kein Problem, aber nicht beim Schwarzen Loch. So wie die Zeit gedehnt ist, wird auch der Raum verformt. Der tatsächliche Radius des Schwarzen Lochs ist wesentlich größer als der Schwarzschildradius. Noch problematischer ist der innere Kern eines Schwarzen Loches, wohin alle Materie stürzt und vernichtet wird. Dieser Kern, die Singularität, ist nur ein winziger Punkt, verformt aber extrem den Raum, und dies in völlig »chaotischer« Weise. Deshalb ist der Schwarzschildradius zunächst nur

---

* Allerdings, wann immer Schwarze Löcher auf natürliche Weise entstehen, muss die Masse der Himmelskörper weitaus größer sein als die unserer Sonne. Ohne unsere fiktive »machtvolle Hand« entsteht weder aus unserer Sonne, geschweige denn aus unserer Erde ein Schwarzes Loch.

eine Rechengröße, die einfach die Masse des Schwarzen Loches in einem Längenmaß angibt. Daraus lässt sich dann aber sehr wohl der Umfang des Schwarzen Loches angeben. Den gibt es tatsächlich. Wie das?

Denken Sie an die Karte eines Gebirgsgipfels. Was Sie auf der Karte an Entfernungen abmessen, entspricht nicht dem wirklichen Weg, den Sie gehen müssten. Der Weg über den Gipfel ist ja viel weiter als das, was Sie auf der Karte als »Luftlinie« ablesen können. Die Höhenlinien auf der Karte verraten es Ihnen. Der Umfang eines Schwarzen Lochs ist so etwas wie eine Höhenlinie. Allerdings ist der Gipfel zwar erreichbar, es gibt aber kein Zurück mehr. Diese besondere Linie markiert die Höhe, ab der ein Rückweg ausgeschlossen ist.

Wie würde es uns ergehen in diesem Gebiet stillstehender Zeit? Friert dort alle Bewegung ein? Und wenn ja, wie kann dann noch etwas in ein Schwarzes Loch fallen? Und was folgt danach? Fängt die Uhr wieder an zu laufen, oder geht sie dann gar rückwärts?

Machen wir das obige Gedankenexperiment umgekehrt. Wir beobachten den Kollaps der Erde nicht von einer sicheren Position außerhalb der schrumpfenden Erde. Vielmehr bleiben wir auf der Erde – und schrumpfen zusammen mit ihr (als erstaunte Haselnusserde-Mikroben). Eine Uhr nehmen wir mit, eine andere bleibt wieder weit draußen zurück. Wir beobachten jetzt umgekehrt, wie die zurückbleibende Uhr immer schneller vorgeht, bis ihre Zeiger ins rasend Schnelle beschleunigt unkenntlich werden.

Und unsere Uhr? Unsere Uhr geht für uns natürlich immer so schnell, wie sie eben geht. Es ist ja unsere Uhr! Beachten Sie, dass wir die eigene Zeit unmittelbar erleben. Wir haben ja keine Position außerhalb, mit der wir erleben könnten, dass die eigene Zeit langsamer oder schneller vergeht. Für das Vergehen der Zeit gibt es kein Danebenstehen. Natürlich können wir urteilen, die eigene Zeit vergehe langsamer als die Zeit an einem anderen Ort. Wir müssen ja nur Uhren vergleichen. Gibt es nun aber wirklich eine stillstehende Zeit? Wird die Zeit wirklich so weit gedehnt?

Gegenfrage: Was sollen wir unter »wirklich« verstehen? Eine Uhr, die sich direkt am Schwarzschildradius eines Himmelskörpers befände (und dieser Himmelskörper wäre tatsächlich auf diesen Radius konzentriert), würde tatsächlich nicht mehr gehen – von weit »draußen« her gesehen. Umgekehrt würden wir eine Uhr beliebig schnell gehen sehen, stünden wir an diesem Schwarzschildradius und beobachteten eine Uhr, die sich weit »draußen« befände. Wenn wir die Uhren zusammenbrächten, wäre der Unterschied im Uhrengang so wirklich wie die nachgehende Uhr beim Experiment von Hafele und Keating. Und unser Schluss auf die Verlangsamung bzw. Beschleunigung der Zeit wäre dies ebenso. So weit, so gut.

Aber – und dieses »aber« kann nicht stark genug betont werden – es ist gänzlich unmöglich, zwei solche Uhren zusammenzubringen und die eingefrorene Zeit zu bestätigen. Nichts und niemand kann bei einem Schwarzschildradius verbleiben oder gar zurückkehren. Dieser Radius markiert eine »Grenze ohne Wiederkehr«, einen »point of no return«. Nichts gelangt mehr nach »draußen«, kein Objekt, kein Signal, keine Information. Es ist wie ein Horizont, hinter dem alles, was sich ereignet, auf Nimmerwiedersehen verschwindet. Diese Grenze heißt deshalb auch Ereignishorizont, es ist der Ereignishorizont eines Schwarzen Loches. Denken Sie aber daran, dass der Ereignishorizont »nichts« ist. Es gibt keine Schranke aus irgendetwas, keinen Wall aus Energie. Der Ereignishorizont ist Raumzeit – und nur das – wie alles um ein Schwarzes Loch herum.

So ist auch zu verstehen, warum dieser Himmelskörper »Schwarzes Loch« genannt wird. Da auch kein Licht entkommen kann, muss er wie ein Loch wirken, ein Loch inmitten des Sternenhimmels, in das alles hineinfällt und aus dem nichts mehr herauskommt.

Fassen wir das Gesagte »realistischer«: Wir wollen einen mutigen Reisenden dem Ereignishorizont so nahe wie möglich kommen lassen – so nahe, dass er gerade noch umkehren kann, um einen Uhrenvergleich bei uns durchführen zu können. Während der Reisende also zum Schwarzen Loch fliegt, sehen wir, wie die mitgeführte Uhr immer langsamer wird. Dass diese zugleich mit dem Reisenden immer schneller verblasst und auch andere Unpässlichkeiten auftreten (wie die alles zerreißende Gezeitenkraft), soll hier keine Rolle spielen. Wann entschließt sich der Reisende umzukehren? Er wird genau die Zeit benötigen, um die seine Uhr nachgehen wird. Er wird sich »irgendwann« entschließen, Tausende oder Millionen Jahre später von uns aus gesehen. Oder hat er mittlerweile seinen Plan geändert und will sich über den Ereignishorizont hinaus ins Schwarze Loch stürzen? Wir werden es erst viel später erfahren – oder auch nicht mehr.

Wechseln wir die Perspektive. Der Reisende wird beim Hinflug zum Schwarzen Loch erleben, dass die Uhr »da draußen« immer schneller vorgeht. Die kurze Strecke zum Ereignishorizont hat er schnell zurückgelegt. Er beeilt sich, wieder umzukehren. Doch mittlerweile rast draußen die Zeit dahin. Bis er schließlich zurückkehrt, wird dort sehr, sehr viel Zeit vergangen sein, auch wenn für ihn nur wenige Stunden vergangen sind. Wie viel, wird davon abhängen, wie nahe er dem Ereignishorizont kommen kann und will. Wenn seine Uhr neben unsere gelegt wird, wird dieser »Altersunterschied« deutlich werden.

Nun entschließt er sich doch, den Ereignishorizont zu überschreiten. Er weiß, dass er nie mehr zurückkehren wird.

Und was geschieht dann am Ereignishorizont selbst? Das vertrauen wir der Mathematik der Relativitätstheorie an und stellen fest: Beim Überschreiten des Schwarzschildradius widerfährt dem Reisenden nichts Ungewöhnliches (außer dass er nun nicht mehr zurückkann). Die Uhr des Reisenden läuft für diesen weiter, kein Stillstand, keine Ewigkeit, kein Rückwärtsgang der Zeit. Und für uns, die wir ihn beobachten, scheint er, während er immer schneller verblasst, am Ereignishorizont »einzufrieren«. Doch sein Bild verschwindet so schnell, wie eine Kerze ausgeblasen wird, bevor wir Näheres erkennen können.

Himmelskörper wie die Erde und die Sonne sind »Zeitmaschinen«. Allerdings ist die Fahrtrichtung fest eingestellt in Richtung Zukunft. Aber erst am Schwarzen Loch ist eine effektive Zeitreise in die Zukunft möglich. An seinem Horizont überdauern wir Zeitalter um Zeitalter. Und während alles um uns wie rasend altert, werden wir kaum älter. Einen Weg zurück in die Vergangenheit gibt es allerdings nicht mehr.

In der folgenden Tabelle ist angegeben, um wie viel eine Uhr auf der Oberfläche des angegebenen Himmelskörpers gegenüber einer anderen Uhr nachgeht, die sich »weit draußen« befindet – eine Uhr, von der wir also annehmen, dass sie im Wesentlichen eine von Massen nicht oder kaum beeinflusste Zeit anzeigt. Wir nannten dies weiter oben »Normalzeit«.

	Radius	die Uhr geht in 1000 Jahren nach um	Schwarzschildradius
Erde	6378 km	22 Sekunden	0,009 m
Sonne	696 000 km	19 Stunden	2960 m
Weißer Zwerg	9500 km	57 Tage	2960 m
Neutronenstern	10 km	161 Jahre	2960 m
Schwarzes Loch	2,96 km	»unendlich«	2960 m

Für die drei zuletzt genannten, kompakten Himmelskörper wird jeweils die Masse der Sonne angenommen. Deshalb haben alle drei denselben Schwarzschildradius. Man kann sich das also auch so vorstellen: Die Sonne auf den Radius des Weißen Zwerges zusammengepresst, ließe eine Uhr statt um 19 Stunden dann um 57 Tage pro Jahrtausend nachgehen. Entsprechendes gilt analog auch für den Neutronenstern und das Schwarze Loch. Übrigens wird die Sonne tatsächlich als Weißer Zwerg enden.

Meine Zeit – deine Zeit

Wir müssen noch auf einen zweiten Effekt eingehen, den wir zwar schon erwähnt, bisher aber unterschlagen haben. Beim Flug der Uhr um die Welt spielt ein weiterer Effekt hinein: Der Uhrengang wird auch von der Bewegung beeinflusst. Dies ist der Grund, warum Alley bei seinem Maryland-Experiment alte, sehr langsam fliegende Propellermaschinen verwendete. Dadurch konnte er diesen Bewegungseffekt klein halten.

Üblicherweise wird dieser Effekt zu den »speziell-relativistischen« gezählt. Die Spezielle Relativitätstheorie handelt im Wesentlichen von dem, was gemessen werden kann und wie man messen soll: und damit auch von der Unterscheidung dessen, was lediglich eine Eigenschaft der Messung ist – also einer bestimmten Sicht auf das Objekt –, und dem, was tatsächlich zu diesem Objekt gehört. In diesem Sinne also: was relativ und was absolut ist.

🕐 **Bewegte Uhren gehen langsamer.**

Beschreiben wir nochmals kurz die Situation bei zwei Uhren, die in unterschiedlichen Höhen angebracht sind. Je höher die Uhr platziert wird, desto schneller geht sie. Wenn sich meine Uhr am Fuß eines Turmes befindet, eine andere Uhr oben auf der Spitze, dann geht für mich die andere (also obere) Uhr schneller, und meine Uhr geht nach. Der andere Uhrenbesitzer oben wird das genauso sehen. Auch für ihn geht seine Uhr schneller als meine. Seine Uhr geht auch für ihn vor und meine nach. Bei der Uhrenverlangsamung durch Bewegung ist dies zunächst anders, was das Ganze etwas komplizierter macht. Doch der Reihe nach.

Bewegt sich eine Uhr an mir vorbei, so geht sie langsamer als die meine. Bewegt sie sich schneller vorbei, geht sie noch langsamer. Aber was sagt der andere dazu, der sich mit der Uhr an mir vorbeibewegt? Er kann ja mit gutem Recht behaupten, ich bewege mich und nicht er. Dann würde nämlich meine Uhr langsamer gehen und nicht die seine. Dem Augenschein nach hätten wir dann beide Recht. Oder?

Zunächst einmal kennen wir tatsächlich Situationen, in denen es unentschieden bleibt, wer sich bewegt. Denken Sie sich in einen Zug, der jeden Moment aus dem Bahnhof rollen wird. Ein anderer Zug gleitet am Fenster vorbei. Fährt er oder fahren wir? Jetzt haben wir freie Sicht, tatsächlich sind wir es, die schon unterwegs sind. Der andere bleibt noch im Bahnhof zurück.

Wir sind daran gewöhnt, die Erde selbst als fixen Bezugspunkt zu wählen und alle Beobachtungen an ihr zu messen. Ob wir im Auto fahren, im Fahrstuhl oder ob wir gehen, wir »messen« diese Geschwindigkeiten in Bezug auf den ruhenden Erdboden. Ja, auch wenn wir jemand anderen überholen, beziehen wir diesen Überholvorgang meist auf die »ruhende« Straße. Die starke Gewöhnung zeigt sich zum Beispiel daran, dass wir von Sonnenaufgang oder Sonnenuntergang reden oder von der Bewegung der Sternbilder über den Himmel. Der Physiker würde sagen, dass wir das Bezugssystem der Erde gewählt haben. Das heißt, wir betrachten sie als ruhend und beziehen jede Bewegung auf sie. Aber, wer bewegt sich tatsächlich? Es macht wenig Sinn, darauf herumzureiten. Denn so wie es Sinn für das tägliche Leben macht zu sagen, die Sonne bewege sich über den Himmel (also das Bezugssystem der Erde zu wählen), so ist es für den Techniker, der Raumflüge quer durch das Sonnensystem plant, sinnvoll, den Standpunkt der Sonne einzunehmen (also das Bezugssystem der Sonne).

Die Physik denkt diesen Ansatz weiter. Es gibt verschiedene Bezugssysteme, und alles Geschehen kann von diesen aus beschrieben werden. Keines dieser Bezugssysteme ist einem anderen vorzuziehen, sie sind alle gleichberechtigt. Anders ausgedrückt: Wir sind frei, ein beliebiges Bezugssystem zu wählen. Der Bequemlichkeit halber kann ich das eine oder das andere vorziehen, um die Beobachtung und Beschreibung zu vereinfachen. In diesem Sinn hat demnach tatsächlich jeder Recht, der darauf beharrt, dass er selbst ruhe und der andere sich bewege. Es ist vielmehr sogar nur konsequent, jeden Beobachtungsstandpunkt zuzulassen und zu berücksichtigen, zumindest in der

Wissenschaft. Nur dann ist sie wirklich Wissenschaft, wenn sie nicht auf die Zufälligkeiten eines bestimmten Standpunktes baut. Oder sollte nicht mehr wahr sein, dass ein Apfel zu Boden fällt, nur weil wir uns zufällig im Zug, im Auto oder im Fahrstuhl befinden?*

Kehren wir nochmals zum Ausgangspunkt unserer Überlegungen zurück: Jeder sieht die Uhr des anderen verlangsamt. Aber kann denn sein, dass jeder Recht hat? Wir sind ja nicht in der Politik. Eine Uhr wird doch wohl tatsächlich langsamer gehen als die andere.

Andererseits, denken Sie daran, wie jemand kleiner wird, der sich von uns entfernt. Das ist die perspektivische Verkleinerung. Für den anderen werden wir nicht größer, sondern ebenfalls kleiner. Dem Augenschein nach hat natürlich jeder Recht. Jeder sieht den anderen kleiner werden, jeder Standpunkt der Betrachtung ist gleichwertig. Das Ungewöhnliche wäre also nur, dass etwas von der perspektivischen Veränderung betroffen ist, von dem wir angenommen haben, es könne nicht davon betroffen sein: der Gang einer Uhr. Allerdings ist diese perspektivische Veränderung des Uhrengangs nicht abhängig von der Entfernung zu mir, sondern von der Geschwindigkeit, die die beobachtete Uhr im Verhältnis zu mir besitzt. Das Gleiche gilt auch umgekehrt, für den anderen bewege ich mich, deshalb sieht er meine Uhr verlangsamt. Die Verlangsamung der Zeit aufgrund

---

* Ein schönes Beispiel, was diese Freiheit in der Wahl eines Bezugssystems bedeutet, findet sich bei Sir Arthur Eddington, dem großen Mitstreiter Einsteins. »Ein ähnlicher Einwand wurde auch aus der Schar meiner Hörer laut: ›Die Reise zwischen Edinburgh und Cambridge muss sehr ermüdend für Sie gewesen sein. Uns ist diese Ermüdung durchaus verständlich, wenn Sie nach Edinburgh fahren; aber warum sollten Sie sich ermüdet fühlen, wenn Edinburgh zu Ihnen kommt?‹ Darauf habe ich Folgendes zu erwidern: Die Ermüdung entsteht dadurch, dass ich neun Stunden, in einem Eisenbahnabteil eingeschlossen, hin- und hergerüttelt wurde. Dabei macht es gar keinen Unterschied, ob ich inzwischen nach Edinburgh gereist bin oder Edinburgh zu mir.«

der Bewegung ist also gleichsam eine Frage der »Perspektive«, ebenso wie die Verkleinerung eines Gegenstandes, der sich von mir entfernt.

Wieso konnten dann aber Hafele und Keating einen Unterschied im Uhrengang feststellen? Als Hafele und Keating wieder in Washington landeten und die Uhren zusammenbrachten, war der Unterschied im Uhrengang tatsächlich größer, als zu erwarten wäre, wenn nur der Höhenunterschied mitgespielt hätte. Offensichtlich gibt es über den perspektivischen Effekt hinaus tatsächlich noch etwas, das geschehen ist, also nicht allein vom Standpunkt eines Beobachters abhängig war, sondern dem Vorgang selbst zugehört.

Dass diesem perspektivischen Effekt eine objektive Gegebenheit im Sinne eines physikalischen Vorganges zugrunde liegt, zeigen auch Experimente mit Elementarteilchen. Die Lebensdauer von Elementarteilchen wird von ihrer hohen Geschwin-

Relativ absolut

Erstaunlich ist nicht, dass manches der Perspektive eines Beobachtungsstandpunktes unterliegt, also bezugssystemabhängig ist. Bemerkenswert ist vielmehr, was alles diesem Standpunkt unterworfen ist. Einstein zählt hierzu die Ausdehnung eines Objektes in Bewegungsrichtung bzw. die Ansicht, die es mir bietet. Es überrascht Sie vielleicht auch nicht mehr, wenn Sie hören, dass das, was als gleichzeitig erlebt wird, ebenfalls dieser perspektivischen Veränderung unterliegt. Der zeitliche Ablauf selbst, wie ich ihn an der Uhr ablesen kann, ist es ja schon. Zwei Ereignisse, die von mir aus gesehen gleichzeitig stattfinden, können von einem anderen Standpunkt aus nacheinander ablaufen. Zwei Ereignisse sind erst dann »wohlgeordnet«, wenn sie so weit voneinander entfernt stattfinden, dass das eine Ereignis das andere hätte beeinflussen können. Damit bleibt auch der Zusammenhang von Ursache und Wirkung gewahrt.

Auch die Energie eines Objektes zählt hierzu. Um dies zu verdeutlichen, wird die Energie des Ruhesystems (also die »Eigenenergie«, um

digkeit beeinflusst, sodass diese zum Beispiel in Beschleuniger-ringen wesentlich »weiter« kommen, als wenn es den Effekt der von Einstein beschriebenen Zeitverlangsamung nicht gäbe. Wir sehen sie länger »leben«. Vom Standpunkt eines Elementarteil-chens aus gesehen bestimmt auch eine perspektivische Änderung das Weiterkommen. Von ihm aus gesehen sind die durchflogenen Wege wesentlich verkleinert, sodass es für das Teilchen nicht verwunderlich ist, wenn es viel »weiter« kommt. Anfang 2004 zum Beispiel haben Physiker am Max-Planck-Institut für Kern-physik in Heidelberg diese Zeitverlangsamung für geladene Teil-chen, sogenannte Ionen, auf weniger als ein Millionstel genau bestätigt. Dabei rasten die Lithium-Ionen mit 19 000 Kilome-tern in der Sekunde (!) den 55 Meter durchmessenden Be-schleunigerring entlang.

es so zu nennen) auch Ruheenergie genannt. Üblicherweise wird die Masse mit dieser Ruheenergie gleichgesetzt (wobei durchaus noch die Bezeichnung »Ruhemasse« zu finden ist). Masse ist ein anderes Maß für Energie. Oder andersherum gesagt: Energie hat Masseeigenschaften. Die Energie ist deshalb träge, widersetzt sich Beschleunigungen und nimmt mit wachsender Geschwindigkeit rasant zu. (Vor Einstein kann-te man keine dieser Eigenschaften der Energie.) Dies findet sich ausge-drückt in Einsteins berühmtester Formel: in $E = mc^2$.

Einstein sucht in den Veränderlichkeiten das Bleibende, das »Abso-lute«, seine Relativitätstheorie handelt davon. Eine der wichtigsten Un-veränderlichkeiten ist die Lichtgeschwindigkeit. Diese bestimmt, was »Nacheinander« bedeutet, indem Sie Grenzgeschwindigkeit für jeden Einfluss ist. Ein anderes ist das Raumzeitintervall, das wir noch kennen lernen werden. »Die Relativitätstheorie enthält gerade so viel Überra-schendes, wie unbedingt nötig, um mit den Tatsachen vereinbar zu sein.« (Bertrand Russell)

Eigenzeit

Wir gehen davon aus, dass wir mittels einer einzigen genauen Uhr die Zeit für jeden beliebigen Ort angeben können. Deshalb gibt es ja die Zeitsignale der Physikalisch-Technischen Bundesanstalt, die über einen Langwellensender in der Nähe von Frankfurt ausgestrahlt werden und mit der wir die Uhren deutschlandweit über Funk synchronisieren. Viele Privatpersonen besitzen heute selbst eine »Funkuhr«. Aber wir irren uns.

Wie wir gesehen haben, können wir mit unseren Uhren vernünftigerweise nichts oder nur kaum etwas über die Zeit an anderen Orten aussagen. Die Zeit kann ja an verschiedenen Orten unterschiedlich schnell vergehen. Außerdem sehen wir die Zeit durch Bewegung relativ zu uns perspektivisch verändert. Und doch, eine Zeit gibt es, über die wir uns stets sicher und richtig verständigen können. Es klingt trivial (was es aber nicht ist): Es ist die Zeit an dem Ort einer Uhr selbst. Jede Uhr zeigt die Zeit richtig an, die sie selbst »erlebt« hat.

Bringen wir verschiedene Uhren zusammen, so können wir unmittelbar etwas über die tatsächlich vergangene Zeit der Uhren zueinander aussagen, denn jede Uhr zeigt ihre sogenannte Eigenzeit richtig an.

Stellen Sie sich eine Gruppe Pfadfinder vor, die von ihrem Zeltplatz aus an einen bestimmten Zielort kommen sollen. Jeder hat einen Schrittzähler dabei, jeder wird einen eigenen Weg durch Wald und Flur wählen. Am Zielort zeigt der einfache Vergleich der Schrittzähler, welcher Pfadfinder den kürzeren und welcher den längeren Weg gegangen ist.

Uhren sind in einem guten Sinn so etwas wie Schrittzähler. Tatsächlich sind auch sie unterschiedliche Wege gegangen. Allerdings unterschiedliche Wege in Raum und Zeit. Das gilt auch dann, wenn der räumliche Weg, also das, was wir als Weg sehen, bei den Uhren gleich war. Das sind die sogenannten Raumzeitintervalle.

Um dem Sachverhalt auf die Spur zu kommen, ändern wir das Hafele-Keating-Experiment ab. Mehrere Flugzeuge sollen die Strecke Washington – Berlin mit unterschiedlichen Geschwindigkeiten durchfliegen. Wenn alle Flugzeuge gelandet sind, stellen wir die Uhren nebeneinander und erkennen nun, dass die Uhren tatsächlich verlangsamt waren. Sie gehen jetzt wieder gleich schnell, die einen aber vor, die anderen nach. Wie zu erwarten war, geht die Uhr am meisten nach, die im schnellsten Flugzeug geflogen ist. Bei gleicher Flugstrecke im Raum wählten die Flugzeuge und mit ihnen die Uhren verschiedene Raumzeitintervalle aus. So, wie es viele Wege zwischen zwei Orten gibt, die sich in ihrer Länge unterscheiden, gibt es auch viele Raumzeitintervalle, die sich ebenso in ihrer Länge unterscheiden. Die Längenmesser für diese Raumzeitintervalle sind die mitgeführten Uhren. Diese Uhren messen ihre erlebten Zeiten, ihre Eigenzeiten. Die Eigenzeit ist also das Maß für die Länge des Raumzeitintervalls.

Das Raumzeitintervall ist die neue fundamentale Größe, die den Platz der verstrichenen Zeit oder des durchmessenen Raumes einnimmt. Die Zeitdauer und – was wir nicht besprochen haben – die räumlichen Abmessungen, die Längen, sind der Perspektive unterschiedlicher Standorte unterworfen. Sie sind bezugssystemabhängig, wie der Physiker sagen würde. Die richtige Kombination beider im Raumzeitintervall dagegen nicht.

Wenn ich nun also herausbekommen möchte, welche Uhr vorgehen wird, muss ich das zugehörige Raumzeitintervall ausrechnen. Freundlicherweise liefert mir die Relativitätstheorie Einsteins ein Rezept dafür. Alles, was ich benötige, ist die (räumliche) Entfernung, die die andere Uhr meines Erachtens zurücklegt, und die Zeit, die meine Uhr dafür anzeigt.

Das ist erstaunlich, nicht wahr? Meine Uhr zeigt ja sicher nicht die tatsächliche Zeit an, die für die andere Uhr vergangen ist. Ich sehe die andere Uhr immer von meinem Standpunkt der Beobachtung aus, das heißt mit meiner perspektivischen Verlangsamung der Zeit. Und dies gilt ebenso für meine Abschätzung der Entfernung, die die andere Uhr zurücklegt. Es ist nicht die Entfernung, die die mitgeführte Uhr selbst messen würde. Aber die Einstein'sche Theorie gibt mir die Möglichkeit, aus diesen beiden nur für mich richtigen Angaben die tatsächlich vergangene Zeit für die bewegte Uhr auszurechnen. Anders ausgedrückt kann ich mit meinen perspektivischen Angaben die tatsächliche Länge des Raumzeitintervalls ausrechnen, das die andere Uhr zurücklegt. Und dies kann dann jeder andere mit seinen Angaben auch tun.

Warum aber bemerken wir im Alltag nichts davon? Wenn Sie mal schneller, mal langsamer den Weg von München nach Berlin fahren, werden Sie kaum ein Nachgehen oder Vorgehen Ihrer Uhr bemerken – und wenn doch, hat dies sicher andere Gründe.

Das hängt mit unseren üblichen Geschwindigkeiten zusammen. Wir haben ja gesehen, dass Hafele und Keating eine Atomuhr verwendeten, um den unterschiedlichen Uhrengang zu messen. Damit die Zeitverlangsamung ordentlich zu Buche schlagen könnte, müssen wir schon wesentlich höhere Geschwindigkeiten verwenden, etwa eine Million Mal größere.

Wie schnell müssten wir fliegen, damit die mitgeführte Uhr sogar stehen bleibt?

Das Relativitätsprinzip und das Zwillingsparadoxon

Das sogenannte Zwillingsparadoxon geht von folgender Situation aus: Ein Zwilling reist in einer Rakete zu einem benachbarten Stern und kehrt wieder zurück. Der andere Zwilling bleibt auf einer Raumstation zurück. Der Reisende stellt nun nach der Rückkehr fest, dass er weniger gealtert ist als sein Zwilling. »Natürlich«, wird dieser sagen, »du hast dich ja bewegt. Aufgrund der Zeitverlangsamung durch diese Bewegung bist du weniger schnell gealtert.«

»Aber«, so wird der Reisende einwenden, »für mich warst du bewegt, deine Uhr war verlangsamt, und deshalb solltest du jünger als ich sein.« Wir kennen die Situation aus der Diskussion, dass jeder den anderen bewegt und damit verlangsamt sieht. Und wir kennen auch die Lösung für diese paradoxe Situation. Es kommt auf das tatsächlich durchflogene Raumzeitintervall an. Der Reisende hat durch seinen Flug eben das kürzere gewählt. Dies zeigt seine Uhr an und natürlich auch er selbst. Quasi als lebendige Uhr geht er nach, er ist jünger als sein Zwilling.

Theoretisch müssten wir uns mit Lichtgeschwindigkeit bewegen. Dann schrumpft das Raumzeitintervall auf null, und die Zeit und mit ihr die mitgeführte Uhr bleiben dann tatsächlich stehen. Praktisch gesehen ist das nicht möglich, denn die Lichtgeschwindigkeit kann von keinen materiellen Objekten wie Autos, Raketen oder Menschen erreicht werden. Wir können ihr, visionäre Technik vorausgesetzt, sehr nahe kommen, die Lichtgeschwindigkeit selbst aber bleibt dem Licht vorbehalten.

Denken Sie daran, dass kleine Raumzeitintervalle nicht unbedingt kleine, im Raum durchmessene Strecken bedeuten. Ein Raumzeitintervall von beispielsweise einem Menschenalter, also achtzig Jahren, kann bedeuten, dass dieser Mensch Abermilliarden von Lichtjahren durchflogen hat – entsprechend hohe Geschwindigkeit vorausgesetzt. Und für uns sind tatsächlich Abermilliarden an Jahren vergangen, während wir uns nicht von Ort und Stelle gerührt haben.

Die hohe Geschwindigkeit verkürzt den Weg durch die Raumzeit – was also in der eigenen Zeit erlebbar wird – und verlängert

So wie eben der Schrittzähler zweier Fußgänger unterschiedliche Wegstrecken anzeigt, wenn diese andere Wege zwischen zwei Orten genommen haben. Wir müssen uns nur daran gewöhnen, dass der »Umweg« eines Sternenflugs über ein kürzeres Raumzeitintervall führt als das Bleiben am Anfangs- und Zielort und dass diese Wege mittels einer Uhr gemessen werden. Je schneller der Reisende fliegt, desto kürzer wird sein Raumzeitintervall und desto weniger altert er gleichsam als lebendige Uhr. So könnte auch noch die entfernteste Galaxie im Raumzeitintervall eines Menschenalters erreicht werden, während beim zurückbleibenden Zwilling Zeitalter um Zeitalter vergeht. Beachten Sie, dass auch der zurückbleibende Zwilling ein Raumzeitintervall zurücklegt. Auch für ihn ist seine Eigenzeit vergangen, was die Länge seines Intervalls angibt. Auch wenn – von unserem Standpunkt auf der Erde aus gesehen – der Zurückbleibende sich nicht bewegt hat, hat er doch das in der Raumzeit längste Raumzeitintervall gewählt.

den Weg im Raum in Weiten, die wir sonst nie erreicht hätten. »Der ganze Raum gehört uns«, wie es der große Gravitationstheoretiker John A. Wheeler ausdrückt.

Es gibt tatsächlich eine Abkürzung von Berlin nach München, wir müssen nur das richtige Raumzeitintervall nehmen. Allerdings kommen wir im rechten Licht besehen nicht einfach nur früher, sondern eben auch jünger als die anderen an.

Ein Wort noch zur Begrifflichkeit: Die Raumzeitintervalle, die wir mit einer mitgeführten Uhr messen können, heißen auch zeitartige Raumzeitintervalle. Es sind dies Wege von Objekten in der Raumzeit, anders ausgedrückt jene Intervalle, die wir selbst erleben – unmittelbar als »Fluss der Zeit«, wie es Sir Arthur Eddington nennt. Die Raumzeitintervalle des Lichtes heißen lichtartig. Da auf ihnen keine (Eigen-) Zeit vergeht, haben sie die Länge null. Kein materielles Objekt kann sich auf ihnen bewegen, da keines so schnell wie Licht reisen kann. Daneben gibt es noch die raumartigen Intervalle. Raumartig sind zwei Ereignisse voneinander getrennt, die sich auch durch Licht nicht miteinander verbinden lassen, bevor die Ereignisse vergangen sind. Es sind genau diese Vorgänge, deren zeitliche Abfolge abhängig vom Beobachter ist, wie im Exkurs »Relativ absolut« auf Seite 26 ausgeführt ist.

Normalerweise genügt es ja tatsächlich, dass wir uns auf die Zeitsignale der Physikalisch-Technischen Bundesanstalt verlassen. Die Abweichungen durch unseren anderen Standort und unsere Bewegung relativ zur Bundesanstalt sind so minimal, dass sie für unser tägliches Leben keine Rolle spielen. Im Gegenteil führen wir jede Abweichung im Uhrengang auf technische Unzulänglichkeit zurück und nicht auf relativistische Effekte.

Erstaunlicherweise hat aber eine Technik Einzug in unseren Alltag gehalten, bei der sehr wohl die bisher diskutierten relativistischen Effekte beachtet werden müssen. Bleiben wir also auf dem »rechten Weg« der Einstein'schen Gravitationstheorie.

GPS – eine Uhr alleine genügt nicht

Meist genügen nur zwei Angaben, damit wir uns treffen können. 15:00 Uhr in der Cafeteria des Kaufhauses Soundso. Eine einzige Ortsangabe genügt? Dass es nicht so einfach ist, bemerken Sie dann, wenn solche festen Ortsmarkierungen wie Kaufhäuser, Kirchen oder Denkmäler nicht vorhanden sind. Dann müssen wir genauer werden. Aber auch dann würden letztlich vier Angaben genügen. Zum Beispiel geografische Länge und Breite, wenn wir auf eine Landkarte zurückgreifen, dazu eine Höhenangabe, falls auch dies zur Auswahl stünde, und natürlich die Zeitangabe des Treffens.

Tatsächlich genügen immer maximal vier Angaben, um überhaupt jedes Ereignis zu lokalisieren. Man sagt dazu auch, dass unsere Welt vierdimensional ist (vergessen Sie alle Dimensionsmystik, mehr steckt wirklich nicht hinter der Vierdimensionalität). Auch die Welt vor Einstein war vierdimensional. Daran hat sich nichts geändert. Aber vor Einstein konnten Raum und Zeit ganz einfach »zerlegt« werden. Beide waren ja eh unabhängig voneinander und unveränderlich. Zusammengenommen ergaben sie aber eine bequeme Orientierungshilfe.

Nach Einstein gelingt dies nicht mehr – genauer: Es geht nur auf einem gewöhnlichen Planeten inmitten schwacher Gravitation und im Alltag schneckenhaft langsamer Bewegungen. Das Neue bei Einstein ist die enge Verbundenheit der vier Dimensionen. Dies zeigt sich zum Beispiel deutlich in der Perspektivität der Zeit und des Raumes und daran, dass wir das Raumzeitintervall als neue, feststehende Größe gebrauchen müssen.

Vier Angaben genügen, um irgendetwas zu lokalisieren. Das entspricht vier Bezugspunkten. Sind diese Bezugspunkte Satelliten, ändert sich prinzipiell nichts daran, außer, dass sich die gewählten Bezugspunkte nun selbst bewegen, ihre Position also zu jedem Zeitpunkt bekannt sein sollte.

Die Satelliten können allerdings selbst ihre aktuelle Position und die genaue Zeit mitteilen. Der Empfänger dieser Signale kann dann daraus seine Position ermitteln. Das ist das Prinzip

33

des »Global Positioning System«, des weltumspannenden Navigationssystems GPS.

GPS beruht auf dem amerikanischen »Navigation System for Timing and Ranging« (NAVSTAR), das – dreimal dürfen Sie raten – ursprünglich für das amerikanische Militär entwickelt wurde, um zum Beispiel die Zielgenauigkeit ferngelenkter Waffen zu optimieren. Ab 1983 konnte es in begrenztem Umfang auch für zivile Zwecke eingesetzt werden. In seiner vollen Genauigkeit wurde das System dann ab Anfang Mai 2000 freigegeben. Allerdings behalten sich die USA vor, die Exaktheit in Krisenfällen künstlich zu verschlechtern. Heute umkreisen durchschnittlich 28 Satelliten die Erde in etwa 20 000 Kilometern Höhe. Dabei sind diese so angeordnet, dass von einem beliebigen Standort auf der Erde aus und zu jeder Zeit vier Satelliten empfangen werden können – freie Sicht darauf vorausgesetzt. Die Satelliten senden jede Tausendstel Sekunde Signale mit Informationen zur eigenen Position und zur Uhrzeit. Jeder Satellit hat deshalb auch eine Atomuhr an Bord, was heutzutage gegenüber den Zeiten des Hafele-Keating-Experimentes keine große Sache mehr ist.

Eine noch höhere Genauigkeit in der Ortsbestimmung erreicht das sogenannte »Differentielle GPS« (DGPS). Dazu wird ein weiteres, erdgebundenes Referenzsignal verwendet, dessen Position also genau bekannt ist. In Norddeutschland sendet zum Beispiel der Küstenfunk dieses Signal, damit sind Ortsbestimmungen bis auf weniger als einen Meter genau möglich. Mit weitergehender Technik könnte dies sogar auf wenige Millimeter genau verbessert werden, etwa zur Ermittlung von metergenauen Ertragskarten für die Landwirtschaft.

Wo liegt das Problem beim GPS-Satellitensystem?

Zum einen bewegen sich die Satelliten und der Empfänger der Signale gegeneinander, wir müssen also mit dem Bewegungseffekt der Relativitätstheorie rechnen. Zum anderen befinden sich Sender und Empfänger auf verschiedenen Höhen. Wie wir gesehen haben, unterscheidet sich damit der Gang verschiedener Uhren aufgrund der Zeitverlangsamung. In einer Höhe von 20 000 Kilometern gehen die Atomuhren in den

Satelliten gegenüber der Erde immerhin in tausend Jahren um etwa 16 Sekunden vor. Würde dieser Effekt der Relativitätstheorie nicht berücksichtigt, so würde sich in jeder Stunde der Positionsbestimmung ein Fehler von knapp 500 Metern einschleichen.

Statt nun aber das Vorgehen der Uhren in der Positionsbestimmung rechnerisch abzugleichen, berücksichtigt man einen anderen Effekt, der ebenfalls aus der Veränderung des Zeitablaufes herrührt: Denn es werden nicht nur Uhren verlangsamt, sondern es wird auch das Licht in der Frequenz verschoben. Diese Frequenzverschiebung ist technisch einfacher, als die Uhrenverlangsamung zu berücksichtigen, doch davon mehr im nächsten Kapitel.

Eine der Grundannahmen der Theorie Einsteins ist die Unveränderlichkeit, die Konstanz der Lichtgeschwindigkeit (im Vakuum). Licht bewegt sich stets mit Lichtgeschwindigkeit, unabhängig davon, wie schnell und wohin sich Sender und/oder Empfänger bewegen. Ein Lichtsignal ist immer »lichtschnell«. Dass dies tatsächlich ungewöhnlich ist, machen Sie sich am besten an folgendem Beispiel klar:

Wenn Sie einem anderen Auto nachfahren, so wird dieses für Sie mit einer anderen Geschwindigkeit fahren als für einen Passanten am Straßenrand – eben um einiges weniger. Für ein entgegenkommendes Auto wird die effektive Geschwindigkeit dieses Autos dagegen viel höher sein, nämlich die Summe aus den beiden Geschwindigkeiten. Würde das Auto dagegen mit Lichtgeschwindigkeit fahren (was ja nicht einmal auf deutschen Autobahnen möglich ist), so würden Sie, der Passant und das entgegenkommende Auto immer dieselbe Geschwindigkeit messen.

Unabhängig davon also, wie und wohin sich ein GPS-Satellit oder Sie sich mit dem Empfänger des GPS-Signals gerade bewegen, das Signal erreicht Sie immer mit derselben (Licht-)Geschwindigkeit. Es wäre tatsächlich völlig unmöglich, auch noch diese momentanen Bewegungen und Richtungen zu berücksichtigen, der Erfolg des GPS beruht also auch auf der Konstanz der Lichtgeschwindigkeit.

Noch ein Wort zum Licht. Denken Sie daran, dass sichtbares Licht nur einen winzigen Ausschnitt aus einem »großen kosmischen Regenbogen der lichtähnlichen Strahlung ist«, wie es Nigel Calder nennt. Licht ist Licht – ob es sich nun um sichtbares Licht, Röntgenstrahlung oder Gammastrahlung handelt –, auch wenn wir hier zumeist mit Licht tatsächlich das sichtbare Licht meinen, so wie ein Ball ein Ball bleibt, egal, ob es sich um einen Tischtennisball oder um einen großen Gymnastikball handelt.

Der Unterschied beim Licht liegt in der Frequenz. Je nach Frequenz wird dieses Licht tatsächlich unterschiedlich benannt: Radiowellen wie Mittelwellen oder Ultrakurzwellen (MW/UKW), Mikrowellen, Infrarotstrahlung, Röntgenstrahlung – um nur einige zu nennen. Sichtbares Licht hat eine Frequenz von etwa 500 Millionen Millionen Schwingungen in der Sekunde. Das Spektrum reicht aber von wenigen Schwingungen pro Sekunde bis hin zu millionen-milliardenfach größeren der Gammastrahlen. All diese verschiedenen »Lichtsorten« bewegen sich mit Lichtgeschwindigkeit.

Mein Licht – dein Licht

Die Physiker Robert Pound und Glenn Rebka stellen 1960 eine Gammastrahlungsquelle im Keller des Jefferson-Turmes auf, dem Turm des physikalischen Labors der Harvard Universität. Gammastrahlung ist, wie erwähnt, eine »Lichtsorte« mit extrem hohen Frequenzen, entsprechend sehr energiereich, und sie wird natürlicherweise bei Prozessen im Atomkern erzeugt. 23 Meter über dem Keller in der Spitze des Turmes steht ein Detektor, der Empfänger, er soll die Frequenz der Gammastrahlung messen. Zwei Billiardstel, das sind eins zu 2000 mal Millionen mal Millionen: Um diesen winzigen Wert ist die ankommende Gammastrahlung verändert. Das Experiment wird schließlich 1964 von Pound und Snider wiederholt (mit noch genauerem Ergebnis).

Würden wir die Gammastrahlen als Lichtteilchen ansehen, die sich gegen die Schwerkraft bewegen müssen, so könnten wir das Ergebnis als »Energieverlust« beschreiben. Dieser Energieverlust würde sich dann in einer geringeren Frequenz zeigen. Eine solche »Verschiebung« zu einer niedrigeren Frequenz nennt man auch »Rotverschiebung«. Nach Einsteins Theorie ist die Frequenz allerdings verschoben, weil die Zeit am Ort der Quelle langsamer verläuft. Die Gammastrahlung ist also von Anfang an »gerötet«. Die Frequenzverschiebung entspricht dabei der Dehnung der Zeit um acht Sekunden auf hundert Millionen Jahre!

Man stelle sich eine Uhr vor, zur Zeit der Dinosaurier gestartet: Der Einschlag des großen Meteoriten, das Aussterben der Dinosaurier und vieler anderer prähistorischer Tierarten, das Aufkommen der Säugetiere, die Entstehung des Menschen, Eiszeiten und Wärmeperioden, die Entwicklung der Zivilisation – und dann nur eine Abweichung von acht Sekunden über diese lange Zeit hinweg.

Wie kann ein solch winziger Wert gemessen werden? Die Technik, die dabei verwendet wird, geht auf den deutschen Physiker Rudolf L. Mößbauer vom Max-Planck-Institut in Heidelberg zurück. Er untersuchte die Aussendung von Gammastrahlen aus Atomkernen und versuchte, sie möglichst exakt zu messen. Das Problem gerade bei den energiereichen Gammastrahlen ist allerdings, dass sie ihrer Quelle, also dem Atomkern, einen regelrechten »Schlag« beim Aussenden (Emission) oder Empfangen (Absorption) versetzen. Dieser Rückstoß macht aber eine präzise Messung unmöglich. Mößbauer erkannte, dass der Einbau des Atomkerns in einen entsprechenden Kristall unter bestimmten Umständen diesen Rückstoß auf die einzelnen Atomkerne verhindert. Die Energie und der Impuls des Rückstoßes werden auf den gesamten Kristall »verschmiert«. Damit wird es möglich, die Frequenz des Senders durch Abstimmung auf den Empfang höchst genau zu bestimmen – rund tausend Mal genauer als bei Verwendung des sichtbaren Lichtes. Auch eine winzige Frequenzverschiebung wie bei Pound und Rebka lässt sich auf diesem Weg messen. Mößbauer erhielt 1961 für seine Entdeckung den Physik-Nobelpreis.

Natürlich trifft diese Rotverschiebung Lichtteilchen aller Frequenzen, also auch das uns sichtbare Licht. Auch dieses ist rotverschoben, wenn man es von einem Standort oberhalb der Lichtquelle aus beobachtet. (Hier wird auch der Gebrauch des Wortes klarer, denn das Licht ist tatsächlich rötlicher.) Entsprechend findet umgekehrt eine Blauverschiebung statt, wenn man unterhalb der Lichtquelle steht.

Gibt es wie bei der Uhrenverlangsamung auch eine Frequenzverschiebung durch Bewegung?

Ja. Die akustische Frequenzverschiebung kennen Sie tatsächlich schon. Sicher haben Sie schon erlebt, dass wenn sich ein Wagen auf Sie zubewegt, sich sein Motorengeräusch heller anhört. Eilt der Wagen an Ihnen vorbei und entfernt sich rasch, klingt das Geräusch tiefer. Besonders deutlich wird dies bei einem Autorennen, wenn die Wagen an den Zuschauern oder an der Kamera vorbeirasen. Dieser Effekt heißt Dopplereffekt.

Einstein und die Experimente

Albert Einstein schlug schon 1911 vor, das Sonnenlicht auf die Rotverschiebung hin zu untersuchen – immerhin vier Jahre vor Veröffentlichung der Allgemeinen Relativitätstheorie, dem Abschluss seines Gedankengebäudes.

Einstein hatte natürlich erkannt, dass die Technik seiner Zeit noch damit überfordert wäre, diesen Effekt auf der Erde selbst zu messen. Allerdings erwies sich auch die Messung aufgrund der heftigen Turbulenzen auf der Sonnenoberfläche als sehr schwierig. Erst in den sechziger und siebziger Jahren wurden die Prozesse auf der Sonnenoberfläche besser verstanden. James W. Brault von der Universität in Princeton konnte schließlich 1962 mit einer speziellen Technik, die er selbst für sein Experiment entwickelte, die Rotverschiebung im Sonnenlicht nachweisen.

Inzwischen war aber die experimentelle Technik auch so weit fortgeschritten, dass die Rotverschiebung auf der Erde nachgewiesen werden konnte. Pound, Rebka und Snider nutzten dies in ihrem spektakulären Experiment mit Gammastrahlen, die sie über die geringe

Ähnliches geschieht tatsächlich mit Licht im Zuge der Rotverschiebung. Eine Lichtquelle, die sich schnell von uns fortbewegt, erscheint uns gerötet. Umgekehrt können wir von der Rotverschiebung auf die Geschwindigkeit schließen, mit der uns die Lichtquelle davoneilt, wenn uns nur die Ausgangsfrequenz bekannt ist. Diesen Effekt macht sich die moderne Kosmologie zunutze, um von der Rotverschiebung der Galaxien auf deren Geschwindigkeit zu schließen. Das Überraschende daran ist, dass einerseits die Galaxien alle von uns wegzufliegen scheinen (nur bis auf ganz wenige, gut verstandene Ausnahmen). Andererseits tun dies die Galaxien mit umso höherer Geschwindigkeit, je weiter sie von uns entfernt sind. Befindet sich ausgerechnet unsere Galaxie in der Mitte einer ungeheuren Explosion? Das wäre doch ziemlich anmaßend. Es gibt noch andere Erscheinungen, die zwar für eine gigantische »Explosion« sprechen, aber eine, die den Raum des Weltalls selbst auseinander treibt.

Höhendifferenz von nur 23 Metern schickten. Eine solch lange »Inkubationszeit« für ein Experiment ist typisch für die Einstein'sche Gravitationstheorie.

Ähnliches findet sich bei vielen typischen Effekten. Von der Zeitdehnung über den Gravitationslinseneffekt bis zur geodätischen Präzession von Kreiseln oder den Gravitationswellen: Zwischen Voraussage und (indirektem) Nachweis vergingen über fünfzig Jahre.

Die Einstein'sche Gravitationstheorie wird durch neue Messtechniken nicht einfach nur herausgefordert. Sie selbst treibt die Technik immer wieder an ihre Grenzen. Nach fast 45-jährigem Dornröschenschlaf und der ebenso langen Goldenen Zeit der experimentellen Gravitation ist die Einstein'sche Theorie lebendiger und herausfordernder denn je. Und sie hat längst auch Eingang in die Alltagstechnik gefunden, wie das Beispiel des Global Position System GPS zeigt.

Heute gilt es, mit immer genaueren Messungen am technisch gerade noch Machbaren über Einstein hinauszugelangen, hin zu einer umfassenden Theorie.

Wie die Rosinen in einem aufgehenden Kuchen werden die Galaxien vom sich ausdehnenden Raum mitgetragen. Diese Bewegung in die Vergangenheit zurückverfolgt, führt zwangsläufig zum Ursprung des Weltalls im sogenannten Urknall.

Der Einsteinturm

Lassen Sie uns einen Turm bauen, mit einem offenen weiten Treppenschacht, an den Wänden mit Uhren und hell scheinenden Lampen – einen Einsteinturm.

Der Zeitablauf soll gravierend verändert sein, so als wäre er über dem Ereignishorizont eines Schwarzen Loches errichtet. (Wir wollen von »Unpässlichkeiten« absehen wie zum Beispiel dem Gezeiteneffekt, der uns samt dem Turm zerreißen dürfte.) Wir blicken von oben in die Tiefe des Turmes. Die Wandlampen an den Wänden sind dieselben, die wir in den Händen tragen. Nach unten rötet sich der Schein der Lampen immer mehr. Die Uhren, die bei diesen Lampen angebracht sind, scheinen auch immer langsamer zu gehen, je weiter sie von uns weg sind. Insbesondere unten bei den letzten Stufen ändert sich dies rapide. Wir sehen die Uhrenverlangsamung und die Frequenzverschiebung am Werke. Am Fuß des Turmes scheint alles trübe zu werden, unklar und dunkel.

Die Uhren unter uns gehen nach. Je länger wir sie beobachten, desto mehr gehen sie nach, denn sie gehen langsamer, da die Zeit an ihrem Ort gedehnt ist. Lassen wir eine Uhr zu uns heraufbringen, geht diese weiterhin nach, nun aber wieder gleich schnell wie unsere. Aus dem Gangunterschied können wir berechnen, wie sehr die Zeit am ursprünglichen Ort gedehnt ist. Auch das Licht merkt sich den Unterschied im Zeitablauf, es ist frequenzverschoben, wenn es bei uns ankommt. Aus dieser Verschiebung ließe sich ebenfalls die Zeitdehnung ermitteln. Beachten Sie, dass sich die Lampe selbst ihre Herkunft nicht merkt. Neben unsere eigene Lampe gestellt, empfangen wir von beiden dasselbe Licht.

Wir schicken unseren Begleiter nach unten. Zunächst unmerklich, auf den letzten Stufen aber immer stärker erlahmen seine Bewegungen. Auch verblasst er nun auf seltsame Weise. Ähnlich das Licht seiner Lampe. Zunächst fast nicht zu bemerken, dann aber verfärbt sich deren Licht ins Rötliche, mehr und mehr mit jedem Schritt, mit denen er die letzten Stufen nimmt. Als er sich schließlich kaum noch bewegt und nur undeutlich in dem seltsamen Dämmer zu sehen ist, kommt tiefes Brummen bei uns an. Es ist nicht zu verstehen, aber es muss ein Ruf unseres Begleiters gewesen sein. Denn die Zeitverlangsamung hat auch sein Rufen verzerrt.

Das Letzte, was wir von ihm sehen, ist ein undeutlicher schattenhafter Umriss, der eine rotfinstere Lampe trägt, eingefroren in einer letzten Bewegung. Ob wir ihn nochmals sehen werden? Bis er sich entschließt umzukehren, werden ihn vielleicht noch unsere Ur-Ur-Urenkel begrüßen können. Der veränderte Zeitablauf, die gedehnte Zeit bleibt an ihm wie bei einer lebendigen Uhr erhalten.

Können Sie hinaus auf den offenen Himmel blicken? Die Zeit dort oben vergeht tatsächlich schneller. Wenig nur, so dass wir davon in unserem Alltag – anders als im Einsteinturm – nichts bemerken, aber doch so viel, dass unsere Technik die zugrunde liegende Zeitdehnung messen kann. Dieser erstaunliche Griff in den Fluss der Zeit hat gewaltige Konsequenzen. Die gedehnte Zeit verlangsamt nicht nur Uhren und verschiebt Frequenzen des Lichts, sie lässt auch Dinge sich so bewegen, als stünden sie unter dem Einfluss einer Kraft. Ja, mehr noch. Es ist gerade nicht die Schwerkraft, die Dinge fallen lässt, sondern diese gedehnte Zeit.

Doch noch sind wir nicht am Ziel, ein gutes Stück unseres Wegs liegt noch vor uns.

Übrigens gibt es tatsächlich einen Einsteinturm. Natürlich nicht unseren mit dieser gewaltigen Zeitdehnung. Der richtige Einsteinturm ist Teil des Astrophysikalischen Institutes Potsdam, gebaut in den Jahren 1919 bis 1924 auf dem unfertigen Rohbau eines älteren Turmes. Der Turm wird als Observatorium für die Beobachtung der Sonne verwendet und war bis in die vierziger Jahre des letzten Jahrhunderts das europaweit bedeutendste Sonnenobservatorium. Das eigenwillige Gebäude mit der Beobachtungskuppel, vom Architekten Erich Mendelsohn entworfen, steht etwa zwanzig Gehminuten vom Stadtzentrum Potsdam entfernt auf dem Telegrafenberg mitten im Wissenschaftspark »Albert Einstein«.

Hinaus

> *»Das Wichtigste im Leben ist,*
> *nicht aufzuhören, Fragen zu stellen.«*
> Albert Einstein

Lichtablenkung

Nehmen wir an, Licht bestünde aus Teilchen, aus – um es platt auszudrücken – kleinen Körperchen, »Korpuskeln« also, wie eine klassische Bezeichnung lautet. Natürlich müssten diese Korpuskeln mit sehr hoher Geschwindigkeit fliegen. Sollten solche Lichtkorpuskeln nicht durch die Gravitation eines Himmelskörpers abgelenkt werden können?

Als Erster hat das wohl der Amateurastronom Reverend John Mitchell auf der Basis der Gravitationstheorie Newtons und eben einer solchen Lichtkorpuskeltheorie durchdacht. So schreibt er, dass Licht durch die Schwerkraft in derselben Weise angezogen werde wie andere Gegenstände. Von der Sonne ausgesandtes Licht müsste demnach abgelenkt werden. Überdies berechnete er sogar, dass Licht einem Stern der 500-fachen Masse der Sonne nicht mehr entfliehen könne. Das war 1783.

Zwanzig Jahre später veröffentlicht der deutsche Astronom Johann Georg von Soldner im ›Berliner Astronomischen Jahrbuch‹ seine Berechnungen zur »Ablenkung eines Lichtstrahls von seiner geradlinigen Bewegung, durch die Attraktion eines Weltkörpers, an welchem er nahe vorbeigeht«. Soldner ist zu dieser Zeit Assistent am Berliner Observatorium. Später sollte er Direktor des Observatoriums der Münchner Akademie der Wissenschaften werden. Soldner erhält eine Ablenkung von

0,875 Bogensekunden. Um diesen kleinen Winkel wird ein Lichtstrahl aus vielen Lichtteilchen abgelenkt, wenn er am Sonnenrand vorbeifliegt. Was diese Angabe bedeutet, wird weiter unten erläutert.

1911: Licht besteht nach der nun gängigen Theorie der Physiker nicht mehr aus Teilchen, sondern ist eine elektromagnetische Welle. Dieses Modell ist überaus erfolgreich, doch Einstein hat den Mut, das Teilchenmodell für Licht wieder einzuführen, und erhält dafür 1921 den Nobelpreis. Für die Lichtablenkung erhält er in etwa denselben Wert wie Soldner (ohne dessen Arbeit zu kennen). So schreibt er:

»Ein an der Sonne vorbeigehender Lichtstrahl erlitte demnach eine Ablenkung vom Betrage $4 \cdot 10^{-6} = 0,83$ Bogensekunden … Es wäre dringend zu wünschen, dass sich Astronomen der hier aufgerollten Fragen annähmen.«

Einstein ging bei diesen Überlegungen weder von der Newton'schen Gravitationstheorie noch – in diesem Fall – von Lichtteilchen aus, wie wir noch sehen werden. Wie kann man aber

Isaac Newton

Sir Isaac Newton veröffentlicht 1687 sein Hauptwerk ›Philosophiae Naturalis Principia Mathematica‹ – ›Die mathematischen Prinzipien der Naturphilosophie‹. Das Werk gliedert sich in drei Bücher, wobei das letzte vom »System der Welt« handelt. Immer wieder angeregt von dem englischen Astronomen und späteren Direktor des Greenwich-Observatoriums Edmond Halley, wagt sich Newton über das Wissen seiner Zeit hinaus. Die Arbeit gilt als eine der wichtigsten wissenschaftlichen Arbeiten aller Zeiten und wird zwei Jahrhunderte lang zur erfolgreichen Grundlage jeglicher Wissenschaft, sie bildet zudem eine Zäsur in Newtons Leben. Lebte er vorher zurückgezogen und widmete sich seinen Untersuchungen und Forschungen, wird er mit dem Erscheinen der ›Principia‹ zu einer Berühmtheit. So wird er zwei Jahre später zum Parlamentsmitglied gewählt, 1703 zum Präsidenten der Royal Society. 1705 erhält Newton von der englischen Königin den Ritterschlag und darf sich künftig Sir nennen.

so etwas messen? Überstrahlt denn nicht die Sonne jedes Licht? Außerdem bräuchte es ja eine Lichtquelle hinter der Sonne, damit der Lichtstrahl von der Sonne abgelenkt werden kann. Dann müsste die Position der Lichtquelle natürlich auch ganz genau bekannt sein. Eine Ablenkung des Lichtstrahls bedeutet nämlich, dass die Position der Lichtquelle scheinbar verändert wird. Voraussetzung ist freilich, dass wir stets von einem geradlinigen Lichtstrahl ausgehen.

Tatsächlich gibt es Sonnenfinsternisse, die die Sonnenscheibe vollständig abdecken. Dann können zumindest die hellsten Sterne sichtbar werden, selbst sehr nahe der bedeckten Sonnenscheibe. Das sind unsere Lichtquellen, und beim Vergleich der Position dieser Sterne mit nächtlichen Aufnahmen sollte dann eine Ablenkung erkannt werden können. Sie würde sich darin zeigen, dass die Sterne scheinbar von ihrer Stelle gerückt wären, eine Winzigkeit neben ihrer normalen Position. Und wenn, in welche Richtung? Rücken die Sterne durch die Ablenkung zur Sonne hin oder von ihr weg?

Newton entwickelt in der ›Principia‹ seine Gravitationstheorie, in der sich alle Körper wechselseitig anziehen. In diesem Zusammenhang führt Newton auch die Begriffe »absoluter Raum« und »absolute Zeit« ein. Er benötigt beides als unzweifelhaft festen Beobachterstandpunkt, für den seine Gesetze als Grundlage aller Physik gelten. Erst gegenüber dem absoluten Raum und der absoluten Zeit ist eindeutig festzustellen, was geradlinig und gleichförmig ist. So kann er dann auch die »wahren« Kräfte von solchen unterscheiden, die nur durch die Beschleunigung des Beobachters hervorgerufen werden.

Nach Newton verfließt die absolute Zeit »gleichförmig und ohne Beziehung auf irgendeinen äußeren Gegenstand«. Auch der absolute Raum bleibt »ohne Beziehung auf einen äußeren Gegenstand stets gleich und unbeweglich«.

Isaac Newton wird am 4. Januar 1643 in Woolsthorpe in Lincolnshire geboren. Er stirbt am 31. März 1727 in Kensington.

Isaac Newton, 1643–1727

Diese scheinbare Verschiebung an die neue Position ist tatsächlich winzig klein, sie wird deshalb in Bogensekunden gemessen.* 1914 sollte eine Sonnenfinsternis stattfinden, die in Russland beobachtet werden konnte. Die Expedition scheiterte, denn der Ausbruch des Ersten Weltkrieges verhinderte die Messung. Ein Teil der Gelehrten wurde noch auf dem Weg verhaftet. Wie sich aber ein paar Jahre später herausstellte, hatte Einstein dabei Glück gehabt. Er hatte einen zu kleinen Wert angegeben, der nur die Hälfte der tatsächlichen Ablenkung des

---

* Bogensekunde: Der Winkel eines vollen Umlaufs beträgt 360 Grad, jedes Grad wird unterteilt in sechzig Bogenminuten, jede Bogenminute nochmals in sechzig Bogensekunden. 3600 Bogensekunden bilden also ein Grad. Eine Bogensekunde, so breit erscheint uns ein Bleistift in etwa 1600 Meter Entfernung. Ein anderes Beispiel: Der Mond erscheint uns am Himmel in einer Größe von etwa 1866 Bogensekunden, also etwa einem halben Grad. Können Sie mit Ihrem Daumen bei ausgestreckter Hand die Vollmondscheibe gerade abdecken, so ist Ihr Daumen dann gerade diese 1866 Bogensekunden breit. Die 0,83 Bogensekunden, die Einstein beschreibt, entsprechen etwa zwei Tausendstel der verdeckten Sonnenscheibe (die ja ebenfalls in dieser Größe erscheint). Recht gute Aufnahmen der entsprechenden Himmelsgegend sind deshalb nötig.

Lichtes an der Sonne betrug. Erst die vollständige Theorie erlaubte Einstein die Vorhersage des richtigen, des doppelten Wertes. So schreibt er denn 1916, zwei Jahre später: »Ein an der Sonne vorbeigehender Lichtstrahl erfährt demnach eine Biegung von 1,7".« (Die doppelten kleinen Striche an der 1,7 stehen für Bogensekunden.)

Am 29. Mai 1919 bot sich eine Sonnenfinsternis zur Messung der Ablenkung an. Dies war doppeltes Glück für Einstein, denn die Bedeckung der Sonne sollte in der Nähe einer Gruppe besonders heller Sterne stattfinden, der Hyaden. Aber wieder lag Krieg in der Luft. Die Arbeiten Einsteins mit dem neuen Wert der Lichtablenkung waren allerdings Sir Arthur Eddington in England zugespielt worden, einem der bedeutendsten Astronomen seiner Zeit. Eine direkte Kontaktaufnahme der beiden Gelehrten war leider nicht möglich. Eddington erkannte schnell die Bedeutung dieser Arbeiten und regte die Beobachtung der Sonnenfinsternis 1919 an. Am 8. März 1919 brachen die Expeditionen von England aus auf, Eddington selbst leitete die Expeditionsgruppe zur Insel Principe vor der westafrikanischen Küste. Eine andere Station wurde im nordbrasilianischen Sobral eingerichtet. Trotz Problemen mit Wetter und Ausrüstung waren beide Expeditionen erfolgreich. Unter den vielen Fotografien waren einige brauchbare Aufnahmen der sichtbaren Sternpositionen. Am Ende der Auswertung konnte die doppelte Ablenkung bestätigt werden.

Die Einstein'sche Allgemeine Relativitätstheorie feierte nach der Erklärung des Merkurperihels ihren zweiten großen Triumph. Davon im nächsten Kapitel mehr. Einstein wurde jedenfalls über Nacht weltberühmt und gewann in Sir Arthur Eddington einen klugen und gewandten Mitstreiter.

Bis heute gibt es eine Vielzahl von Messungen der Lichtablenkung an der Sonne. Die Messungen sind aber nicht unproblematisch, nicht nur wegen der meist nicht sehr hohen Genauigkeit: Die turbulente Atmosphäre, schwer zugängliche und oft abgelegene Beobachtungsstandorte sowie unsicheres Wetter bergen Schwierigkeiten. So wurde im Juni 1973 eine Expedition nach Mauretanien mit modernster Technik ausgestattet. Am

Morgen der Finsternis erhob sich ein Sandsturm. Der Wind legte sich erst so spät, dass nur sechs Minuten für die Aufnahmen blieben. Die Sicht blieb allerdings auf weniger als zwanzig Prozent vermindert.

Eine entscheidende Verbesserung brachte der Start des ESA-Satelliten Hipparcos am 9. August 1989. Hipparcos sollte die Position und die Eigenbewegung von Sternen in bis dahin unerreichter Präzision vermessen. Der Start selbst gelang zwar, allerdings zündete eines der Satellitentriebwerke nicht, und Hipparcos erreichte nicht die vorgesehene geostationäre Umlaufbahn. Seine Flugbahn glich einer ungünstig lang gezogenen Ellipse, die den Satelliten auch noch vier Mal am Tag durch den Strahlungsgürtel der Erde führte.

Das Scheitern der Mission konnte aber abgewendet werden. Einerseits zeigte sich Hipparcos robuster gegen die Strahlung als befürchtet. Andererseits konnten die Techniker die Software des Satelliten so umprogrammieren, dass die Beobachtung der Sterne – in über der Hälfte der Zeit – doch noch möglich wurde. Hipparcos vermaß von November 1989 bis März 1993 fast 120 000 Sterne in höchster Präzision (und weniger genau über eine Million Sterne) in insgesamt über zehn Millionen Einzelmessungen. Die eigentliche Bedeutung dieser ungeheuren Datenfülle zeigt sich in den Auswertungen, die die einzelnen Daten miteinander in Beziehung setzen – zum Beispiel in Bezug auf die Lichtablenkung (das heißt in Bezug auf die Positionen der vermessenen Sterne relativ zum Sonnenstand).

Eine französische Wissenschaftlergruppe wertete 1997 die schier unzähligen Daten unter diesem Blickwinkel aus. Zum ersten Mal musste also keine Sonnenfinsternis vorausgesetzt werden, und es wurden auch Sterne mit großem Abstand zur Sonne berücksichtigt. Der Winkel zur Sonne variierte zwischen 47 und 133 Grad.

Schließlich konnten die Wissenschaftler Einsteins Theorie mit einer Genauigkeit von bemerkenswerten 0,3 Prozent bestätigen. Allerdings war mehrere Jahre zuvor schon – mit einer anderen Technik – eine noch höhere Genauigkeit erreicht worden.

1963 wurde der erste Quasar entdeckt (der Begriff kommt von »quasi-stellar«, das heißt »wie ein Stern«). Ein unscheinbares Lichtpünktchen, doch – so die genaue Analyse – weiter von uns entfernt als alle anderen Objekte am Nachthimmel. Viele Milliarden von Lichtjahren. Tatsächlich müssen Quasare also die leuchtkräftigsten Objekte im Weltall sein, die nur deshalb so leuchtschwach erscheinen, weil sie so weit entfernt sind. Nach herrschender Meinung sind Quasare denn auch innerste Kerne von Galaxien, tausend bis zehntausend Mal heller als die Galaxien selbst mit ihren typischerweise hundert Milliarden Sternen. Woher aber diese ungeheure Leuchtkraft?

Nach einhelliger Ansicht der Astrophysiker stecken in den Quasaren gigantische Schwarze Löcher mit der Masse von Hunderten Millionen Sonnen und mit Ausmaßen, dass die Erde mit ihrer Umlaufbahn um die Sonne bequem darin Platz hätte. In diesen ungeheuren Schlund quirlen Sternmaterie und Gaswolken mit einer Geschwindigkeit von bis zu 5000 Kilometern in der Sekunde. Der glühende Todesschrei von zerrissenen Sternen. Erstaunlicherweise genügt es schon, dass ein Stern pro Jahr auf diese Weise zermalmt und gefressen wird, um den Quasar so hell aufleuchten zu lassen.

Weit entfernt heißt aber zugleich tief in der Vergangenheit, da das Licht sehr lange Zeit braucht, um bis zu uns zu gelangen. Wir schauen in eine Zeit zurück bis zu 700 Millionen Jahre nach dem Urknall, aus einer »Entfernung« von heute etwa 15 Milliarden Jahren. Mit den Quasaren blicken wir somit in die stürmische Jugendzeit der Galaxien und zugleich auf das Problem, wie so früh diese Vielzahl von Sternen und diese gigantischen Schwarzen Löcher entstanden sein können. Der Blick in die Kinderstube des Kosmos, der uns dies beantworten könnte, ist uns allerdings noch nicht gelungen.

Auch unsere Heimatgalaxie, die Milchstraße, beherbergt in ihrem Zentrum ein riesiges Schwarzes Loch mit der Masse von immerhin 2,6 Millionen Sonnen wie der unsrigen. Ist dies ebenfalls ein ehemals aktiver Quasar, der nun auf Diät gesetzt ist?

Jedes Jahr am 8. Oktober kommt die Sonne einer Gruppe von Quasaren sehr nahe, darunter Quasar 3 C 279 (der Name bedeutet das Objekt 279 im 3. Cambridge-Katalog). Nah bei ihm befindet sich ein anderer Quasar, 3 C 273. Quasare sind nun aber auch Radioquellen, und Radiowellen werden genauso wie sichtbares Licht am Sonnenrand abgelenkt. Allerdings können diese Quellen auch ohne Abdeckung der Sonne beobachtet werden, da sie vom Sonnenlicht nicht überstrahlt werden. Wie zu erwarten, verändert sich der Abstand der beiden Quasare zueinander, wenn die Sonne ihnen von der Erde aus gesehen nahe kommt. Es wird noch besser.

Das Zauberwort heißt VLBI, Very Long Baseline Interferometry. Dabei werden Radioteleskope weltweit miteinander so vernetzt, dass sie wie ein großes Teleskop wirken – typischerweise zwischen zehn bis zwanzig Antennen. Durch die besondere Aufarbeitung der aufgenommenen Signale entsteht dann quasi eine einzige riesige Antenne, die die Größe der Erde erreichen kann. Ja, noch größer, sofern auch Satelliten hinzugeschaltet werden (was seit 1997 gemacht wird). Hoch auflösende Bilder sind nun möglich, zum Beispiel aus der Umgebung Schwarzer Löcher. Aber auch die Verschiebung der Kontinentalplatten kann damit gemessen werden oder Änderungen in der Drehgeschwindigkeit der Erde und Unterschiede in der Tageslänge. Dazu werden die Positionen dieser kosmischen Radioquellen supergenau festgestellt und als Bezugspunkte für die eigene Bewegung verwendet.

Stephen S. Shapiro vom Guilford College in North Carolina und seine Kollegen des Harvard-Smithsonian Center for Astrophysics werteten die Signale der VLBI-Teleskope aus, die diese in den zwanzig Jahren von 1979 bis 1999 gesammelt hatten. 541 Radioquellen waren von über 87 Radioteleskopen beobachtet worden. Anfang 2004 veröffentlichten sie ihre Ergebnisse und bestätigten die Aussagen der Einstein'schen Theorie zur Lichtablenkung auf den Bruchteil eines Prozentes genau.

Linsen aus Raum und Zeit

Ein unscheinbares Sternenpärchen, wie viele andere auch, zeigt eine Aufnahme des 1,2-Meter-Schmidt-Teleskops auf dem Mount Palomar in Südkalifornien vom Beginn der fünfziger Jahre. Dreißig Jahre später werden die beiden Lichtpunkte von dem britischen Astronomen Dennis Walsh aus Manchester als Bilder ein und desselben Objektes erkannt, des Quasars Q0957+561. Und kaum ein halbes Jahr zuvor war zwischen den Lichtpünktchen ein kleiner flaumiger Fleck entdeckt worden – die hellste und wohl auch massereichste Galaxie eines Galaxienhaufens, der sich zwischen uns und dem Quasar befindet. Ursache für einen eigentümlichen Effekt der Gravitation: Dieser Galaxienflaum wirkt als Gravitationslinse. Das Besondere hier: Der Quasar selbst ist nicht sichtbar, nur seine Bilder.

Oft genug ist auch die Gravitationslinse nicht zu erkennen. Sie ist dann selbst auch zu lichtschwach, um auf den Aufnahmen zu erscheinen. Wie kommt es zu einer solchen Gravitationslinse?

Lichtstrahlen werden bei der Lichtablenkung rechts und links am Objekt vorbei auf dieses hingebogen und treffen sich dann wieder weit vor dem Objekt an einer Stelle. Befinden wir uns gerade dort, so scheinen die Lichtstrahlen aus zwei verschiedenen Richtungen zu kommen – scheinbar zwei verschiedene Lichtquellen, die Bilder eben.

Diesen Gravitationslinseneffekt aufzuspüren ist nicht einfach. Zum einen sind Quasare selbst recht schwer zu finden, zum anderen befindet sich von diesen natürlich nur ein Bruchteil in günstiger Position hinter einem anderen massiven Objekt. Darüber hinaus können beieinander stehende Quasare auch tatsächlich eine Gruppe verschiedener Quasare sein. Erst eine genaue Messung kann sie als Bilder ein und desselben Quasars identifizieren. Dass Gravitationslinsen das Licht eines Bildes auch verstärken können, macht die Sachlage noch schwieriger.

Gravitationslinsen können verschiedene Erscheinungen hervorrufen: Mehrfachbilder dahinter liegender Lichtquellen wie bei Q0957+561, Einsteinringe oder leuchtende Lichterbögen

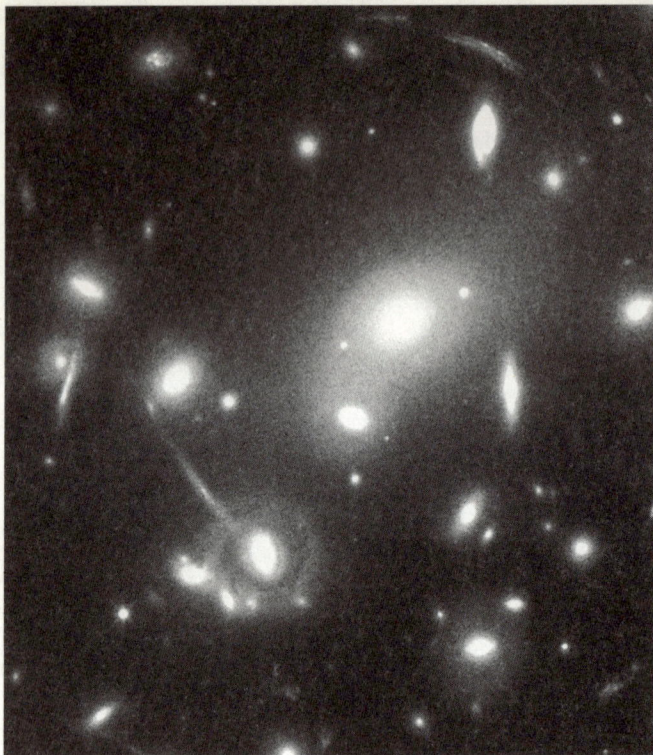

Der Galaxienhaufen Abell 2218 als Gravitationslinse. Unten ist das Bild einer nahen elliptischen Galaxie zu erkennen, oben der Bogen einer weiter entfernten Galaxie mit hoher Sternentstehungsrate.
Mit freundlicher Genehmigung: W. Couch (University of New South Wales), R. Ellis (Cambridge University) und NASA.

und Filamente. Damit Einsteinringe, also ringförmige Bilder entstehen, muss nicht nur die Lichtquelle sehr klein sein (was beim Quasar so ist), sondern auch die Gravitationslinse selbst. Außerdem müssen beide auf derselben »Sichtlinie« zu uns liegen. Tatsächlich wurde 1988 der erste Einsteinring im Sternbild Löwe entdeckt. Auf den Aufnahmen ist eine ringförmige Radioquelle mit zwei heller leuchtenden Punkten zu erkennen. MG 1131+0456 heißt dieser Ring, immerhin mit einem Durchmesser von 1,75 Bogensekunden, also etwa dem 2000. Teil des Durchmessers des Vollmondes. Die Gravitationslinse selbst ist auch hier nicht zu sehen. Die Effekte bei Galaxien als Gravitationslinse sind dramatischer. Lichterbögen bis zu zwanzig Bogensekunden groß krümmen sich um die Gravitationslinse.*

Albert Einstein beschrieb dieses Phänomen schon 1936. Er dachte dabei an Sterne als Gravitationslinse und hielt es deshalb für nicht beobachtbar. Ein Jahr später wies der schweizerisch-amerikanische Astronom Fritz Zwicky auf die Möglichkeit hin, dass Galaxien wesentlich besser als Gravitationslinsen wirken könnten und sie sogar als natürliche Teleskope nutzbar wären. Zwicky hat Recht behalten, tatsächlich finden diese kosmischen Lupen vielfältige Anwendungen.

Im April 2004 ging eine bemerkenswerte Nachricht durch die Wissenschaftsgemeinde. Ein 17 000 Lichtjahre entfernter kleiner Stern, ein roter Zwerg, befindet sich direkt vor einem anderen Stern aus dem Zentrum der Milchstraße, Entfernung 24 000 Lichtjahre. Wie eine Lupe vergrößert der Zwerg das Bild des anderen Sterns. Das Bemerkenswerte: Im Licht der Gravitationslinse ist zu erkennen, dass der rote Zwerg selbst einen Planeten haben muss. Etwa in dreifacher Entfernung Erde – Sonne umkreist ihn ein jupitergroßer Planet. Dieser Mikro-Gravitationslinseneffekt könnte im Gegensatz zu anderen Methoden sogar Planeten in Erdgröße aufspüren.

Noch erstaunlicher ist, dass mit Hilfe von Gravitationslinsen die »dunkle Seite« unseres Universums erforscht werden könnte, die immerhin den überwiegend größten Teil unserer Welt ausmacht. Tatsächlich scheint das Universum, wie wir es kennen, nur die Schaumkrone eines riesigen, unbekannten

---

* Sehr schöne Bilder gibt es zum Beispiel vom Galaxienhaufen Abell 2218. Viele dieser von der NASA veröffentlichten Bilder sind im Internet frei zugänglich. Schauen Sie einfach mal hier vorbei: http://www.hubblesite.org/newscenter/newsdesk/archive/

»Meeres« zu sein. Wissenschaftler schätzen, dass die sichtbare, uns wohlvertraute Welt nur etwa ein halbes Prozent ausmacht. Etwa sieben Mal größer ist der Anteil unsichtbarer Materie in Gestalt zum Beispiel von Zwergsternen. Auch dies zählt noch zur »bekannten« Materie. Sie rechnen richtig, wir sind jetzt bei etwa vier Prozent. Andere Wissenschaftler gestehen dieser bekannten Materie fünf Prozent zu. Und der »Rest«?

Etwa zwei Drittel macht eine mysteriöse »Dunkle Energie« aus, eine Energie, die das Weltall auseinander treibt. Das ist auch das, was wir an ihr kennen. Mehr nicht. Dieses geheimnisvolle Etwas wirkt gravitativ abstoßend und treibt die Expansion des Weltalls zunehmend voran. Der Name »Energie« ist im Sinne Einsteins dabei etwas unglücklich, da Energie ja Masseeigenschaften hat und deshalb »anziehend« wirkt.

Ein weiteres Drittel macht die ebenfalls unbekannte »Dunkle Materie« aus. Von ihr weiß man, dass sie die Galaxien und Galaxienhaufen zusammenhält. Ohne diese Dunkle Materie müssten Galaxien aufgrund ihrer Drehung auseinander reißen. Fast unsere gesamte Welt ist also erfüllt von einem geheimnisvollen »Etwas«, das die Strukturen unseres Universums schafft und ihr die Gestalt gibt, die sie innehat. Namhafte amerikanische Physiker haben – quasi als Programm der nächsten beiden Jahrzehnte – elf offene Fragen formuliert, die es für die moderne Astrophysik zu beantworten gilt, darunter die Frage nach der Dunklen Materie und der Dunklen Energie. Und die Frage, ob Einstein Recht hatte. Wir können gespannt darauf sein, was die Wissenschaft auf ihrem Weg ins »unbekannte Land« noch entdecken wird. Jetzt aber noch etwas Handfestes:

Haben Sie ein Weinglas zur Hand? Das optische Gegenstück zur Gravitationslinse ist der Fuß eines einfachen Weinglases. Wie am Fuß des Weinglases ist die Ablenkung der Gravitationslinse »nach innen« zu am größten, bei der Gravitationslinse also Richtung massives Objekt, beim Weinglas Richtung Stiel. Zeichnen Sie einen Punkt auf ein Blatt Papier, dieser soll für den Quasar stehen, dessen Bilder wir beobachten wollen. Bewegen Sie das Glas auf den Punkt zu. Sie können die unterschiedlichen Erscheinungen des Gravitationslinseneffektes erkennen. Liegen Weinglas, Punkt und Auge auf einer Linie, sollte sogar der Einstein-ring zu sehen sein. Halten Sie das Glas einige Zentimeter über dem Blatt Papier, dann bleibt der Punkt selbst unsichtbar, und Sie sehen nur das Bild des Punktes, wie beim Quasar 0957+561.

Periheldrehung

Neun Planeten umkreisen unsere Sonne, die Erde ist der dritte Planet, von der Sonne her gesehen. Die Planeten sind Merkur, Venus, Erde, Mars, Jupiter, Saturn, Uranus, Neptun und Pluto. Sie können sich ihre Reihenfolge über den jeweils ersten Buchstaben mit einem einfachen Spruch leicht merken: Mein Vater erklärt mir jeden Sonntag unsere neun Planeten.

Mitte des 18. Jahrhunderts war das Sonnensystem noch »kleiner«, die drei äußeren Planeten waren noch nicht bekannt. Am 13. März 1781 entdeckte der berühmte Astronom Sir Friedrich Wilhelm Herschel (1738 bis 1822) während einer routinemäßigen Durchmusterung des Sternenhimmels den Planeten Uranus.* Diese Entdeckung machte ihn so berühmt, dass er vom englischen König finanziell unterstützt wurde und er sich fortan frei seinen astronomischen Studien widmen konnte. Seine berühmten Sternenkataloge enthalten die genauen Ortsangaben zu 2500 astronomischen Objekten (Doppelsterne, Sternhaufen, Nebel). Sechs Jahre nach der Entdeckung des Uranus sichtet Herschel auch die Uranusmonde Oberon und Titania.

---

* Uranus umläuft in etwa 84 Jahren die Sonne in einer mittleren Entfernung von 2,87 Milliarden Kilometern. Neben Jupiter, Saturn und Neptun zählt auch Uranus zu den Riesenplaneten, sein Durchmesser beträgt 51118 Kilometer. Er ist damit über vier Mal so groß wie die Erde. Seit dem Flug der Voyager-2-Sonde wissen wir, dass Uranus ein kleines Ringsystem aus mindestens elf schmalen Ringen sowie 15 Monde besitzt.

Galileo Galilei, 1564–1642

Uranus zeigt bei genauer Beobachtung seiner Umlaufbahn zum Teil erhebliche Abweichungen von der Bahn, die er sorgfältigen Rechnungen nach einnehmen sollte. Der französische Astronom Urbain Jean Joseph Leverrier (1811 bis 1877) folgerte aus diesen Bahnstörungen und der Gravitationstheorie Newtons, dass es einen weiteren Planeten geben müsse. Da aber Jupiter nicht betroffen war, sollte dieser neue Planet sich noch außerhalb der Umlaufbahn des Uranus befinden. Zeitgleich zu Leverrier berechnete auch der englische Mathematiker und Astronom John Couch Adams (1819 bis 1892) die Position des neuen Planeten. Anders als Adams, der mit seinen Berechnungen keine Beachtung fand, konnte Leverrier den deutschen Astronomen Johann Gottfried Galle an der Sternwarte Berlin zur Suche nach dem neuen Planeten gewinnen. Tatsächlich fand Galle den Planeten Neptun* nahe der berechneten Position. Welch ein überragender Erfolg der Gravitationstheorie Newtons!

---

* Neptun zählt wie Uranus zu den Riesenplaneten. Sein Durchmesser beträgt 49500 Kilometer. In einer mittleren Entfernung von 4,5 Milliarden Kilometer umkreist er die Sonne in fast 165 Jahren. Auch Neptun wurde von der Voyager-2-Sonde besucht, die hier ebenfalls die Existenz von Ringen bestätigen konnte. Voyager entdeckte zu den bekannten Neptunmonden Triton und Nereid sechs weitere kleine Monde.

233 Jahre zuvor hatte Galileo Galilei Neptun schon einmal gesichtet als winzigen Lichtpunkt neben dem Planeten Jupiter. Galilei erkannte diesen aber nicht als neuen Planeten.

Leverrier entdeckte weitere Unregelmäßigkeiten in unserem Sonnensystem. Merkur,* der sonnennächste Planet, zeigte ebenfalls Abweichungen von seiner Umlaufbahn, die auf einen weiteren Planeten schließen ließen. Dieser neue Planet müsste den Berechnungen nach noch innerhalb der Merkurbahn liegen. 1859 veröffentliche Leverrier seine Berechnungen und sagte die Existenz des Planeten Vulkan voraus. Noch ein Triumph für die Gravitationstheorie Newtons?

Wie auch die anderen Planeten durchläuft Merkur seine Umlaufbahn in einer Ellipse. Der sonnennächste Ort dieser Ellipse heißt Perihel (aus dem Griechischen *peri* und *helios*: »um die Sonne herum«). Die anderen Planeten stören die Umlaufbahn des Merkur (denken Sie an die Entdeckung des Neptun). Aufgrund dieser Störungen schließt sich die Ellipse nicht mehr, tatsächlich bewegt sich deshalb Merkur auf einer Rosettenbahn. Anders ausgedrückt dreht sich die Ellipse des Merkur langsam um die Sonne. Diesen Effekt nennt man deshalb auch Periheldrehung.

Wie groß ist diese Periheldrehung?

Jedes Jahr dreht sich die Ellipse des Merkur um 5,74 Bogensekunden. Davon lassen sich 5,31 Bogensekunden auf Störungen durch die anderen Planeten zurückführen, 0,43 Bo-

* Merkur umkreist die Sonne in nur 88 Tagen. Ein Tag auf Merkur, also ein Tag-Nacht-Rhythmus, dauert dagegen 176 Erdentage, also zwei volle Merkurjahre. Mit seinen 4879 Kilometern Durchmesser ist Merkur nur wenig größer als der Mond, aber wesentlich dichter als dieser. Im Mittel ist Merkur 57,9 Millionen Kilometer von der Sonne entfernt. Tagsüber steigt die Temperatur bis auf 427 Grad Celsius, was ausreicht, um Zinn und Blei zu schmelzen. Nachts fällt die Temperatur auf −173 Grad. An den Polen wurden tief in den Schatten der Krater Vorkommen von Wassereis entdeckt. Merkur ist kurz vor Sonnenaufgang oder kurz nach Sonnenuntergang dicht über dem Horizont zu sehen.

gensekunden bleiben übrig. Bei 0,43 Bogensekunden benötigt die Ellipse des Merkur rund drei Millionen Jahre, um sich einmal ganz zu drehen. Umgerechnet auf den Umfang der Umlaufbahn des Merkur von rund 364 Millionen Kilometern, bewegt sich der sonnennächste Ort jeden Umlauf um ungefähr 29 Kilometer weiter.

Weil dieser Effekt so klein ist, wird er üblicherweise auf hundert Jahre bezogen. Leverrier fand in seinen Berechnungen also 43 Bogensekunden pro Jahrhundert, die er sich nicht erklären konnte, und postulierte daher einen neuen Planeten: Vulkan.

Es gibt allerdings keinen weiteren neuen Planeten, stattdessen macht sich hier die Raumdehnung bemerkbar. Neben der Zeit ist auch der Raum verformt, was nicht weiter verwunderlich ist, sind Raum und Zeit doch Aspekte der einen Raumzeit. Auch in der Lichtablenkung zeigt sich die Raumdehnung. Dieser »doppelte« Griff auf die Raumzeit ist in gewissem Sinn auch der Grund für den doppelt so großen Wert der Lichtablenkung gegenüber Soldner (und Newton).

Für Einstein war es ein großer persönlicher Triumph, dass er die überzähligen 43 Bogensekunden im Rahmen seiner Allgemeinen Relativitätstheorie erklären konnte. Neben der doppelten Lichtablenkung und der Rotverschiebung gehört die Periheldrehung zu den klassischen bestätigenden Tests der Relativitätstheorie. In Einsteins Worten:

»Ich hatte im letzten Monat eine der aufregendsten und anstrengendsten Zeiten meines Lebens, allerdings auch der erfolgreichsten. Ans Schreiben konnte ich nicht denken … Das Herrliche, was ich erlebte, war nun, dass sich nicht nur Newtons Theorie als erste Näherung, sondern auch die Periheldrehung des Merkur als zweite Näherung ergab. Für die Lichtablenkung an der Sonne ergab sich der doppelte Betrag wie früher.«

Laufzeitverzögerung

1964 schlägt Dr. Irwin I. Shapiro vom Lincoln Laboratorium des Technologischen Instituts von Massachusetts (MIT) einen neuen Test der Allgemeinen Relativitätstheorie vor. Er will die Zeitverzögerung eines Signals messen lassen, das knapp an der Sonne vorbeigeschickt und von den Planeten Merkur oder Venus reflektiert wird. Shapiro schätzt die Zeitverzögerung auf 200 Millionstel Sekunden, sofern das Signal die Sonne tatsächlich gerade streift. Dieses Phänomen der Raumzeitdehnung wird nach ihm auch Shapiro-Effekt genannt.

Drei Jahre später wird eine erste Messung durchgeführt. Als Signalgerät dient das MIT Haystack Radioteleskop. Tatsächlich kann die vorhergesagte Verzögerung des Signals gemessen werden. Venus ist damit, am Sonnenrand vorbei gemessen, etwa dreißig Kilometer weiter entfernt, als wir durch die Berechnungen ihrer Position erwarten würden. Zur Zeit der Messung war die Venus rund 258 Millionen Kilometer von der Erde entfernt. Das Signal war eine knappe halbe Stunde unterwegs, bis es wieder zurückkam. Im Folgejahr fanden dann auch Messungen an Merkur statt. Auch hier zeigt sich diese Raumdehnung.

Im Spätsommer 1975 starten im Abstand von zwanzig Tagen die beiden Marssonden Viking 1 und 2. Beide Sonden bestehen aus einem Orbiter, der den Mars umkreisen soll, und einem Landefahrzeug, das auf dem Mars landen wird. 1976 erreichen die Sonden den Mars, das Landefahrzeug von Viking 1 setzt am 29. Juli, das von Viking 2 am 3. September auf der Oberfläche auf. Die Landestufen senden Tausende von sensationellen farbigen Bildern von der Marsoberfläche und führen umfangreiche Messungen auch zur Suche nach Leben durch. Am 25. November steht der Mars dann von der Erde aus gesehen günstig »hinter« der Sonne, um auch Experimente zur Laufzeitverzögerung durchführen zu können. Dieses Mal werden Signale zweier Frequenzen verwendet, da die Signale beim Vorbeigang an der Sonne von der Sonnenatmosphäre, der Sonnenkorona, beeinflusst werden. Die Laufzeitverzögerung, die aus dieser Wechselwirkung herrührt, ist aber abhängig von der Frequenz des Radar-signals. Da die Laufzeitverzögerung des Signals, das aus der Raumdehnung folgt, nicht frequenzabhängig ist, kann der störende Anteil herausgerechnet werden.

Für die Auswertung selbst muss ein Modell des Sonnensystems erstellt werden, das erlaubt, die wichtigsten Einflüsse auf das Experiment zu berücksichtigen. Grundlage dieser Modelle sind die Berechnungen von Schwarzschild, die sogenannte Schwarzschildlösung, die wir oben schon kennen gelernt haben. In diesen Berechnungen werden dann die Einflüsse zum Beispiel des Mondes und der anderen Planeten oder der Drehungen von Erde und Mars mit einbezogen. So können die Werte der Laufzeitverzögerung ermittelt werden, die von der Messung selbst erwartet werden können.

Mit einer Genauigkeit von Eins zu Tausend stand beim Viking-Experiment schließlich eine Laufzeitverzögerung von 250 Millionstel Sekunden fest. Dies entspricht einer Strecke von 36 Kilometern, um die der Mars, an der Sonne vorbei gemessen, weiter entfernt ist als nach den Berechnungen ohne die Raumdehnung. Mit dieser Genauigkeit war die Viking-Messung für lange Zeit das genaueste Experiment zum Shapiro-Effekt.

Vor allem durch Verbesserungen der Messtechnik konnte rund 25 Jahre später die Genauigkeit nochmals um das Fünfzigfache gesteigert werden. Wieder war eine Raumsonde unterwegs, dieses Mal Richtung Saturn. Nach knapp zehnjähriger Entwicklungsarbeit startete am 15. Oktober 1997 von Cape Canaveral aus die bisher größte und aufwändigste Raumsonde, die je unser Sonnensystem durchflogen hat, die Saturnsonde Cassini-Huygens, mit 6,7 Metern Länge und einem Gewicht von rund 5,8 Tonnen.

Cassini-Huygens ist das internationale Projekt des Jet Propulsion Laboratoriums (JPL) im gemeinschaftlichen Auftrag der NASA und der European Space Agency ESA. Selbst für das Arbeitstier der NASA, die Trägerrakete Titan-IVB Centaur, ist die Sonde zu schwer, als dass sie direkt Richtung Saturn geschossen werden konnte. So wurde eine Flugbahn berechnet, die wie in einem kosmischen Billardspiel die Sonde zwei Mal an der Venus, ein weiteres Mal an der Erde (am 18.8.1999) und dann noch am Jupiter (am 30.12.2000) vorbeiführen sollte. »Swing-by« heißt diese Technik. Die Sonde holt sich beim knappen Vorbeiflug jeweils Schwung und wird zum nächsten Planeten geschleudert, um schließlich am 1. Juli 2004 mit etwa 20 000 Stundenkilometern durch eine Lücke in den Ringen des Saturn zu schießen und dann mit bordeigenen Triebwerken über dem Saturn abzubremsen.*

Vier Jahre lang umkreist die Sonde den Saturn und führt umfangreiche Beobachtungen und Messungen durch. Am 25. Dezember 2004 löst sich dann das Landefahrzeug Huygens vom Mutterschiff und steuert Richtung Titan, dem größten Saturnmond. Mit über 5 000 Kilometern Durchmesser ist dieser Mond größer als Merkur. 21 Tage dauert der Flug, bevor Huygens in die dichte, minus 200 Grad Celsius kalte Titan-Atmosphäre eintaucht. Zweieinhalb Stunden später erreicht Huygens die Oberfläche des geheimnisvollen Titan. Messungen mit Radarwellen aus dem Jahre 1989 deuten darauf hin, dass ein großer Block aus Gestein und Eis wie ein Kontinent aus einem den Mond umspannenden Methan-Ozean herausragt. Ob Titans Oberfläche fest oder flüssig ist, ob diese Hinweise auf einen Kontinent stimmen, dies sind einige der Fragen, denen Huygens nachgehen wird, falls die Sonde den Sturz auf die Oberfläche übersteht.

Zurück zur Laufzeitverzögerung: Im Juni 2002 befand sich die Sonne zwischen der Erde und der mittlerweile 1,2 Milliar-

---

* Bekannt wurde Cassini-Huygens der Öffentlichkeit allerdings vor allem durch die Proteste beim Start der Raumsonde. Umweltschützer fürchteten eine großflächige Verseuchung mit radioaktivem Material, sollte der Start misslingen und die Rakete explodieren. Denn für die Energieversorgung wurden drei sogenannte RTGs, Radioisotop-Thermoelektrische Generatoren verwendet, die Wärme in elektrische Energie umwandeln – Wärme aus dem radioaktiven Zerfall von immerhin fast 33 kg Plutonium. Befürchtet wurde auch, dass Cassini-Huygens beim Swing-by an der Erde in der Erdatmosphäre verglühen und das radioaktive Material verstreuen könnte. Immerhin sollte die Doppelsonde der Erde bis auf 500 Kilometer nahe kommen.

den Kilometer entfernten Saturnsonde. Dreißig Tage wurden Signale vom südkalifornischen Goldstone-Radioteleskop zur Sonde gesendet und von dieser wieder reflektiert. Mit Hilfe des Radiosignals wurde die Geschwindigkeit der Sonde auf Bruchteile eines Millimeters pro Sekunde genau überwacht. Schließlich wurden die gesammelten Messdaten von den italienischen Wissenschaftlern Bruno Bertotti an der Universität von Pavia, Luciano Iess an der Universität La Sapienza in Rom und Paolo Tortora an der Universität von Bologna ausgewertet. Wieder waren Radiosignale verschiedener Frequenzen verwendet worden, doch speziell für dieses Experiment hatte die italienische Weltraumagentur auch verbesserte Sende- und Empfangstechniken entwickelt. Die Einstein'sche Theorie konnte mit der unglaublichen Genauigkeit von 0,02 Promille, also auf Zwei zu 100 000 genau bestätigt werden.

Die Radiosignale dieser und ähnlicher Messungen durchqueren quasi das raumzeitgedehnte Gebiet in seiner gesamten Ausdehnung um die Sonne. Unberücksichtigt bleibt natürlich, dass an der Sonne direkt vorbeigeschossen, also die »Mitte« dieses Gebietes nicht getroffen wird. Direkter ließe sich die Raumdehnung ermitteln, könnte man Umfang und Durchmesser des Raumes messen, den die Sonne selbst einnimmt (die ja Ursache dieser Verformung ist). Dabei würde man erkennen können, dass die Sonne den Raum um knapp einen Kilometer »überdehnt«. Die »restlichen« 35 Kilometer sind also die Reaktion der Raumzeit, diese »Überdehnung« allmählich auszugleichen.

PSR B1913+16

Ein Glücksfall für die Einstein'sche Relativitätstheorie war die Entdeckung des Pulsars PSR B1913+16. PSR steht für »Pulsar«, die Ziffern bezeichnen die Position am Himmel, und das »B« zeigt, dass der Pulsar vor 1990 entdeckt und nach dem Besselsystem benannt wurde. (Jüngere Pulsare tragen die Kennung »J«.)

Pulsare waren 1967 von Antony Hewish und dessen Doktorandin Jocelyn Bell Burnell am Mullard-Radioastronomie-Observatorium der Universität in Cambridge eher zufällig entdeckt worden. Sieben Jahre später führten Joseph H. Taylor und Russell A. Hulse eine umfassende Suche nach Pulsaren durch, als sie im Sternbild Adler auf den außergewöhnlichen PSR B1913+16 stießen. Die beiden verwendeten das 304 Meter durchmessende Radioteleskop nahe Arecibo auf Puerto Rico. Dieses Teleskop ist fest in eine natürliche Talmulde der Kalksteinhügel der Montanas Guarionex gegossen. Nach mehreren Umbauten beträgt das Gewicht der Reflektorfläche rund 1300 Tonnen, es ist das größte Radioteleskop der Welt.

Was sind Pulsare? Dies sind äußerst kompakte Sterne, sogenannte Neutronensterne, die sich überaus schnell drehen. Sie stehen am Ende der Entwicklung von Sternen. Nach einer ungeheuren Supernova-Explosion, bei der die gesamte Hülle des Sterns weggeblasen wird, bleibt eine zwanzig bis dreißig Kilometer durchmessende Sternenkugel zurück, die aber immer noch die eineinhalbfache Masse unserer Sonne besitzt: drei Milliarden mal Milliarden mal Milliarden Tonnen oder 500 000 Mal die Erde, komprimiert auf eine Kugel von wenigen Dutzend Kilometern. Ein Teelöffel der Sternmaterie eines Pulsars würde hundert Millionen Tonnen wiegen.

Pulsare wären, weil sie so kompakt sind, ideale Testlabors für die Einstein'sche Theorie, wären Sie nicht so weit weg und damit nicht beobachtbar. Allerdings senden Pulsare Radiopulse in einer fast unglaublichen Präzision aus – daher auch ihr Name. Wie der Scheinwerfer eines Leuchtturms streifen in einem engen Bündel permanent ausgesendete Radiowellen in hochpräzisen zeitlichen Abständen über den Beobachter und rufen diesen Effekt des Radiopulses hervor. (Denken Sie an die »Lichtpulse« eines Leuchtturmes.) Pulsare sind auf diese Weise die genauesten kosmischen Uhren, die man sich nur vorstellen kann – genauer noch als jede irdische Atomuhr. Die Radiopulse kommen in einem Abstand von wenigen Bruchteilen einer Sekunde bis hin zu wenigen Sekunden. Auch wenn es fast unglaublich klingt, diese Milliarden Tonnen schwere kompakte Kugel dreht sich mit ungeheurer Geschwindigkeit um sich selbst, typischerweise mehrfach pro Sekunde. 1982 wurde ein Pulsar entdeckt, der sich sogar über 600 Mal (!) in der Sekunde um sich selbst dreht. Millisekunden-Pulsare heißen solche Gebilde. Was muss das für ein Objekt sein, das bei solcher Drehgeschwindigkeit und solcher Masse nicht zerrissen wird! Von PSR B1913 + 16 treffen 16,94 Pulse pro Sekunde ein. Alles, was wir von PSR B1913 + 16 wissen, schließen wir aus diesen Signalen.

Das Besondere an PSR B1913 + 16 ist, dass dieser ein anderes kompaktes Objekt umkreist. Ob dieser Begleiter ebenfalls ein Pulsar ist – wofür die Daten sprechen –, können wir nicht sagen. Vielleicht trifft uns seine Radiostrahlung einfach nicht. Die Entfernung beider Himmelskörper schwankt dabei in ihrem Umlauf zwischen 1,1 bis 4,8 Sonnenradien, also zwischen 765 000 bis 3 340 000 Kilometern. Die Massen der beiden sind 1,442 und 1,386 Sonnenmassen – die Angabe in Einheiten der Sonne ist üblich in der Astrophysik.

Ist der einzelne Pulsar schon eine sehr genaue kosmische Uhr, dann ist PSR B1913 + 16 eine sehr genaue, mit hoher Geschwindigkeit bewegte kosmische Uhr, wobei die Bewegung auf exakte Weise immer wieder durchlaufen wird. Besser geht es kaum, denn diese höchst präzise Uhr bewegt sich mit ihrer hohen Geschwindigkeit nahe einem anderen sehr kompakten Objekt. Hohe Geschwindigkeit also in einem Gebiet stark gedehnter Raumzeit, das macht aus dem Pulsarsystem ein ideales Testlabor. Tatsächlich scheint PSR B1913 + 16 auch ein »sauberes« System zu sein. Das ist in dem Sinn gemeint, dass keine die Einstein'schen Effekte störenden Einflüsse vorhanden sind, wie zum Beispiel Materieströme von einem Stern zum anderen oder Verformungen dieser aufgrund der Gravitation. Gerade deshalb können auch die »feinen« Effekte beobachtet werden. Wie unter einem Mikroskop treten die Effekte der Einstein'schen Relativitätstheorie weit verstärkt hervor, die in unserem Sonnensystem sehr klein und nur recht aufwändig nachzuweisen sind.

Interessanterweise können wir mit Hilfe der Einstein'schen Theorie sogar um einiges mehr aus den Radiopulsen erfahren als nach der Gravitationstheorie Newtons. Erst die Anwendung der

Theorie Einsteins lässt uns die Größe der Bahnen der beiden Sterne bestimmen bzw. deren Masse. So können wir heute das Zwillingssystem recht genau beschreiben.

Die Frequenz der Radiopulse schwankt leicht im Verlauf von etwa sieben Stunden und 45 Minuten. In dieser Zeit umläuft offensichtlich der Pulsar seinen unsichtbaren Begleiter. Bewegt sich der Pulsar auf seiner Umlaufbahn auf uns zu, steigt ganz im Sinne des Dopplereffekts die Frequenz, entfernt er sich, so sinkt diese. Aus dieser Frequenzverschiebung lassen sich die Umlaufgeschwindigkeiten des Pulsars berechnen, daraus schließlich Form und Lage seiner Umlaufbahn erschließen. Während der Pulsar seinen Begleiter umläuft, ist er ja unterschiedlich weit von der Erde entfernt. Dieser Unterschied zeigt sich auch in den Laufzeiten der Pulse, das heißt in deren verfrühter oder verspäteter Ankunft.

Eine weitere Analyse der Ankunftszeiten der Pulse zeigt die Effekte der Zeitdehnung. Diese macht immerhin bis zu einer vier Tausendstel Sekunde aus. In den sieben Dreiviertelstunden des Umlaufs geht die Radiopuls-Uhr also zunächst vier Tausendstel Sekunden vor, verlangsamt dann, geht diesen Betrag nach und beschleunigt dann wieder. Offensichtlich ist der Zeitablauf in diesem System recht stark von den kompakten Objekten verformt. Stellen Sie sich vor, wie der Pulsar mit hoher Geschwindigkeit das stark zeitgedehnte Gebiet in der Nähe des Begleiters durchläuft, sich in einer weiten Ellipse mit geringerer Geschwindigkeit entfernt und dann wieder mit wachsender Geschwindigkeit auf den Begleiter zurast.

Die dem Begleiter nächste Position auf der Umlaufbahn heißt Periastron (also nicht Perihel, das »astron« kommt vom griechischen »Stern«). Dieses Periastron verschiebt sich jedes Jahr um 4,23 Grad oder umgerechnet um täglich 42 Bogensekunden.

Bei Merkur beträgt der entsprechende Wert gerade 43 Bogensekunden auf hundert Jahre gerechnet. Seit der Entdeckung von PSR B1913+16 vor rund dreißig Jahren hat sich dessen Umlaufbahn also schon um 126 Grad verschoben, ein Drittel eines vollen Kreises. Das Perihel des Merkur ist in dieser Zeit praktisch nicht »vom Fleck« gekommen.

1993 erhielten Russell A. Hulse und Joseph H. Taylor den Nobelpreis für Physik für ihre Entdeckung von PSR B1913+16, da die beiden mit ihrer Entdeckung die Möglichkeit eröffneten, in einem idealen Himmelslabor die überraschenden Aspekte der Einstein'schen Gravitationstheorie zu studieren. Im nächsten Kapitel noch mehr dazu.

Gravity Probe B und die rotierende Raumzeit

28 Jahre nach Gravity Probe A (und nach mehreren Anläufen) startet am 20. April 2004 eine Delta II Rakete von der Vandenberg Air Force Base in Kalifornien – ein Bilderbuchstart, wie es später von der Pressestelle der Stanford Universität heißt. Gravity Probe B kreist in 640 Kilometern Höhe um die Erde und überquert dabei Nord- und Südpol. Fast 45 Jahre technischer und wissenschaftlicher Entwicklung finden ihren Abschluss in vier nicht einmal faustgroßen Kugeln, die die Einstein'sche Theorie auf erstaunliche Weise testen sollen.

Ein Kreisel, einmal in seiner Drehung angestoßen, wird seine Drehachse beizubehalten versuchen. Jedem Einfluss auf seine Drehachse wird der Kreisel ausweichen. Die Drehachse des Kreisels beginnt dann selber zu kreisen, sie präzediert, wie es im Fachbegriff heißt. Wird die Drehachse mit einem größeren, den Kreisel umfassenden Ring festgehalten, haben wir zum Beispiel einen Kreiselkompass vor uns. Dieser Kompass ist so konstruiert, dass er seine Drehachse stabil in Nord-Süd-Richtung ausrichtet, er weicht quasi jedem Einfluss auf seine Drehachse in diese Richtung aus. Deshalb wird er in automatischen Steuerungssystemen in Flugzeugen oder auf Schiffen eingesetzt. Gewöhnlich werden kugel- oder scheibenförmige Objekte Kreisel genannt. Eine interessante Abart ist aber das Pendel, das ebenfalls »richtungsstabil« bei Bewegung bzw. Einflüssen reagiert. 1851 ließ der französische Physiker Jean Foucault in der Kuppel des Panthéon in Paris ein 67 m langes Pendel mit einer rund

28 kg schweren Kugel aufhängen. Während das Pendel gemächlich hin und her schwingt, dreht sich langsam seine Schwingungsebene im Uhrzeigersinn. Es ist die Erde, die sich gleichsam unter dem Pendel hinweg dreht, während das Pendel versucht, seine Schwingungsrichtung beizubehalten.

Dass sich die Schwingungsrichtung des Pendels dreht, weist auf die Drehung der Erde hin. Interessanter ist, dass eine vollständige Drehung nicht innerhalb von 24 Stunden erfolgt! Tatsächlich braucht das Pendel länger, um sich einmal ganz im Kreis zu drehen und damit wieder in dieselbe Richtung zu weisen (in Paris etwa 32 Stunden). Nur am Nord- und am Südpol würde das Pendel genau 24 Stunden benötigen. Der tiefere Grund dafür liegt in der Kugelgestalt der Erde. Das Pendel wird durch die Drehung der Erde entlang einer Kugeloberfläche geführt, also einer gekrümmten Oberfläche. Nur am Nord- bzw. Südpol dreht sich das Pendel auf einer Ebene, die genau senkrecht auf der Drehachse steht.

Bewegt sich ein Kreisel in der gedehnten Raumzeit, zeigt sich ein ähnlicher Effekt: Nach Umrunden der Erde weist seine Drehachse in eine andere Richtung als beim Start und bräuchte noch etwas, um wieder in Deckung mit sich selbst zu kommen. Dieser Effekt der »Verdrehung« der Drehachse eines rotierenden Körpers heißt auch »geodätische Präzession«. In einem Satelliten, der die Erde auf einer Höhe von etwa 640 Kilometern umkreist, würde sich die Drehachse eines Kreisels um immerhin sechseinhalb Bogensekunden pro Jahr verschieben. Diese geodätische Präzession ist ein rein geometrischer Effekt der Raumzeitdehnung, ähnlich der Verdrehung der Schwingungsebene eines Pendels nach einem Tag. Wir werden noch darauf eingehen.

Noch erstaunlicher ist der sogenannte Lense-Thirring-Effekt. Die beiden österreichischen Physiker Joseph Lense und Hans Thirring hatten schon 1918 diesen Effekt vorausgesagt, eine Messung war aber zu dieser Zeit weit jenseits von jeglichen technischen Möglichkeiten. Die beiden Physiker fanden heraus, dass ein drehender Himmelskörper wie auch die Erde die Raumzeit quasi mitnimmt, mitgeführt von der Erde wie das Wasser, das sich um den sich drehenden Löffel mitdreht. Und die Raumzeit selbst trägt dann zum Beispiel die Satelliten mit, die sich in ihr bewegen, was sich in einer winzigen zusätzlichen Verdrehung der Achsen eines mitgenommenen Kreisels erkennen lässt. Diese zusätzliche Drehung macht bei besagten Satelliten etwa 41 Tausendstel Bogensekunden pro Jahr aus, weniger als ein Hundertstel also der geodätischen Präzession. Für eine volle Drehung seiner Achse um 360 Grad benötigt der Kreisel etwa 31 Millionen Jahre, bei der geodätischen Präzession würde das im »Schnellgang« von nur 216 000 Jahren vor sich gehen.*

Gravity Probe B heißt das Projekt, das diese Präzession eines Kreisels in der gedehnten und mitbewegten Raumzeit um die Erde messen soll. Die Kreisel, die Gravity Probe B mit sich nimmt, sind ein Wunderwerk der Technik. Vier 3,81 Zentimeter durchmessende Quarzkugeln höchster Reinheit. Die Kugeln weichen von der perfekten Kugelform um höchstens vierzig Atomlagen ab. Wären die Kugeln so groß wie die Erde, entspräche dies einer Abweichung von nur wenigen Metern! Von Helium angeblasen und auf Touren gebracht, drehen sich die Kreisel schließlich reibungsfrei von 3700 bis knapp 5000 Umdrehungen pro Minute. Das Heliumgas wird anschließend wieder abgepumpt, ein sehr reines Vakuum entsteht. Die Reibungsfreiheit ist dann so hoch, dass die Kreisel in tausend Jahren erst ein Prozent ihrer Drehgeschwindigkeit verlieren würden.

Auf die Oberfläche der Quarzkugeln ist eine Metallschicht aufgedampft. Im supraleitenden Zustand (also ohne jeden elektrischen Widerstand) entsteht dort ein Magnetfeld, das außerhalb der die Kugeln umgebenden Schale gemessen werden kann.

---

* Auch unsere Sonne dreht sich wie die Erde um sich selbst. Die Drehgeschwindigkeit der Sonne nimmt vom Sonnenäquator zu den Polen hin ab und schwankt dabei zwischen etwa 34 und 25 Tagen (warum dies so ist, ist noch unklar). Auch die Sonne führt die Raumzeit durch ihre Rotation mit, und die Raumzeit trägt dann ihrerseits die Planeten mit. So wird das Perihel des Merkur durch den Lense-Thirring-Effekt um sechs Meter pro Jahr verschoben.

So können auch kleinste Abweichungen in der Drehrichtung der Quarzkugel erkannt werden.

Diese Abweichung wird schließlich in Bezug auf einen ausgesuchten Stern im Sternbild Pegasus gemessen, dem 300 Lichtjahre entfernten HR 8703 (auch als IM Pegasi bekannt). HR 8703 wird dabei von Gravity Probe B über ein bordeigenes Teleskop ins Visier genommen.

Natürlich bewegt sich auch der Referenz-Stern (wie alles im Universum). Damit dessen Bewegung berücksichtigt werden kann – immerhin selbst 35 Tausendstel Bogensekunden, also fast so groß wie die gesuchte Abweichung durch den Lense-Thirring-Effekt –, wurde seine Position mit Hilfe des ESA-Satelliten Hipparcos genauestens vermessen. Begleitet wurden diese Messungen unter anderem mit dem Effelsberg-Radioteleskop* des Bonner Max-Planck-Instituts für Radioastronomie.

Gravity Probe B wurde an der Stanford Universität in Zusammenarbeit mit der NASA und der Lockheed-Martin Corporation entwickelt. Nach dem Start im April 2004 dauert allein die Vorbereitungszeit vierzig bis sechzig Tage, in der die Systeme getestet und in Arbeitsposition gebracht werden. Nachdem die Kreisel schließlich mit ihrer maximalen Drehgeschwindigkeit rotieren, beginnt die etwa einjährige Messzeit. Damit könnte

---

* Übrigens ist das Effelsberg-Radioteleskop das – nach dem Robert C. Byrd Green Bank Teleskop in West Virginia – weltweit größte, frei schwenkbare Radioteleskop. Es befindet sich in Effelsberg, vierzig Kilometer südwestlich von Bonn. Der Durchmesser der Radioantenne beträgt hundert Meter und wird von 3200 Tonnen Stahl getragen. Moderne Technik sorgt dafür, dass trotz der Verformungen durch das hohe Eigengewicht die Abweichung der fast 8000 Quadratmeter großen Antennenoberfläche von der Idealform nur einen halben Millimeter groß ist. Für genaueste Messungen – wie bei der Suche nach dem geeigneten Referenz-Stern für Gravity Probe B und dessen Bewegungsdaten – wird das Radioteleskop in den VLBI-Verbund mit verschiedenen Teleskopen in anderen Ländern wie den USA parallel geschaltet. Das Effelsberg-Radioteleskop gilt als eines der empfindlichsten.

endlich – fast neunzig Jahre nach der ersten Beschreibung des Effektes und 45 Jahre nach der ersten Konzeption des Satelliten-Experimentes durch Leonard Schiff ebenfalls an der Stanford Universität – dieser wichtige Effekt der Einstein'schen Theorie mit hoher Genauigkeit nachgewiesen werden.

Die geodätische Präzession führt bei unserem außersolaren »Standardsystem« PSR B1913+16 zu einer interessanten Konsequenz. Wie auch schon bei den anderen relativistischen Effekten ist hier die Verdrehung der Richtungsachse des Pulsars wesentlich größer als in unserem Sonnensystem – immerhin 1,21 Grad im Jahr. In etwa 297½ Jahren hat die Achse des Pulsars eine gesamte Drehung geschafft. Mit der Drehachse des Pulsars ändert sich natürlich auch die Richtung, in der die Radiopulse abgestrahlt werden. Im Jahr 2025 wird uns deshalb die Radiostrahlung nicht mehr treffen. Unser Himmelslabor PSR B1913+16 wird plötzlich vom Himmel verschwinden, um erst 240 Jahre später wieder zu erscheinen. Trösten kann uns der Gedanke, dass ein anderes, ebenso ergiebiges Labor plötzlich am Himmel auftauchen könnte.

Und vielleicht ist dies – mindestens einmal – sogar schon geschehen! Denn 1999 wurde während der Parkes Multibeam Himmelsdurchmusterung der Pulsar J1141-6545 entdeckt. Mit Hilfe eines 64 Meter durchmessenden Radioteleskops, 24 Kilometer nördlich von Parkes im australischen Neusüdwales, war die »galaktische Ebene« nach Pulsaren durchsucht worden, also jenes schmale milchige Band, das sich quer über den Nachthimmel spannt.

J1141-6545 ist mit einem Alter von schätzungsweise 1,4 Millionen Jahren ein recht junger Pulsar, in gerade vier Stunden 45 Minuten umkreist er seinen Begleiter, einen Weißen Zwerg auf einer stark elliptischen Bahn. Neun Jahre zuvor war dieselbe Himmelsgegend schon einmal auf ähnliche Weise durchsucht worden, ohne dass der recht auffällige PSR J1141-6545 entdeckt worden wäre. Seine geodätische Präzession beträgt 1,35 Grad pro Jahr – eine der höchsten gemessenen Werte –, so dass die Richtungsachse nur 265 Jahre benötigt, um eine ganze Kreisbewegung zu vollführen.

Vielleicht ist genau dies der Grund für das Erscheinen des Pulsars, der vor neun Jahren einfach noch nicht sichtbar war. Genauere Beobachtungen von J1141-6545 könnten sogar Kriterien liefern, Konkurrenten zur Einstein'schen Gravitationstheorie auszusondern oder zu stärken.

Der »Traum« der Relativisten ist allerdings ein Zweifachsystem, bei dem der Begleiter ein Schwarzes Loch ist. Viele der vorgestellten Experimente könnten durch Beobachtungen an einem solchen System in der Genauigkeit und damit in ihrer Aussagekraft noch übertroffen werden. Die nächsten Jahrzehnte könnten für »Pulsarjäger« interessant werden.

Was ist die Raumzeit?

Müssen Raum und Zeit nicht ein Etwas sein, das sich tatsächlich »packen« lässt? Eine rotierende Erde vermag dies, sie »packt« die Raumzeit und führt sie mit, wenn auch nur wenig, die Raumzeit scheint doch recht »widerspenstig und steif« zu sein. Wie kann die Raumzeit richtig »in Schwung« gebracht werden? Nehmen wir wieder ein Schwarzes Loch. Dieses vermag so schnell zu rotieren, dass sich sein Ereignishorizont mit Lichtgeschwindigkeit bewegt. Die Raumzeit wird mitgerissen, ebenfalls mit Lichtgeschwindigkeit, und alles, was diesem Horizont entgegenstürzt, wird von der Raumzeit mitgeführt und strudelt rasend schnell um das Schwarze Loch. Nichts kann sich dem Strudel entgegenstemmen, selbst das Licht wird in dieser Bewegung eingesogen und auf eine Spiralbahn gezwungen. Der Bereich um ein sich drehendes Schwarzes Loch, in dem ein Mitdrehen unausweichlich ist, heißt auch Ergosphäre. Die Ergosphäre ist am Äquator ausgebuchtet und berührt an den Polen den Ereignishorizont.

So bemerkenswert dies schon ist, fehlt doch noch etwas an den Erstaunlichkeiten der Einstein'schen Theorie. Denn die Raumzeit beginnt zu schwingen, so dass Dehnungswellen das Weltall durcheilen. Wellen, die selbst wieder Raum und Zeit dehnen und mit der Raumzeit jegliche Materie – schwingende Raumzeit und Wellen aus Raumzeit, kurzum Gravitationswellen.

Gravitationsleuchten

Die überaus genaue kosmische Uhr PSR B1913+16 geht immer mehr vor – eine Tatsache, die auf eine der erstaunlichsten Erscheinungen in der Einstein'schen Welt hinweist. Denn dieses Vorgehen der Pulsaruhr ist der erste, wenn auch indirekte Nachweis von Gravitationswellen.

Wenn sich zwei äußerst kompakte Himmelskörper in recht geringem Abstand umkreisen – eben wie im Pulsarsystem PSR B1913+16 –, dann ist genau dies eine der idealen Situationen, bei denen merklich Gravitationswellen entstehen. Die Energiemenge ist gigantisch, die dem Umlauf dieses Pulsars durch die Gravitationswellen entzogen wird. Sie entspricht tatsächlich der Strahlungsleistung einer mittleren Sonne, einer Sonne wie der unsrigen. Könnten wir diese »Gravitationsstrahlung« also als Licht sehen, würde PSR B1913+16 allein dadurch hell wie unsere Sonne leuchten. Beachten Sie, es geht um die Energie, die

Experiment und Konkurrenz

Fast ein halbes Jahrhundert lang bleibt die Einstein'sche Gravitationstheorie im experimentellen Dornröschenschlaf. Ja, mehr noch: Die klassischen Beobachtungen erreichen keine hohe Genauigkeit und werden kontrovers diskutiert. Weitere und genauere Tests sind mit dem damaligen Stand der Technik nicht erreichbar. Welche Relevanz kann solch eine exotische Theorie haben?

Der Durchbruch kommt dann mit neuen und verbesserten Messtechniken, Fortschritten in der Raumfahrttechnologie sowie spektakulären astronomischen Beobachtungen wie Pulsaren, Quasaren oder der Hintergrundstrahlung. Das »Goldene Zeitalter der experimentellen Gravitation« beginnt (Clifford M. Will). Eine fast unüberschaubare Anzahl an immer raffinierter ausgelegten Experimenten sind inzwischen durchgeführt, viele noch in Planung oder schon in Vorbereitung. Bisher konnte Einsteins Theorie alle Prüfungen souverän meistern. Und doch, es muss mehr geben. Einerseits zeigt Einsteins Theorie selbst ihre Gren-

die Gravitationswellen transportieren, also die »bewegte Raumzeit«. Allerdings ist PSR B1913+16 so weit entfernt – immerhin über 15 000 Lichtjahre –, dass aus dem gigantischen Gravitationsleuchten dann doch wieder nur ein unscheinbares Fünkchen würde – ein Stern der 18. Größe, um es genau zu sagen. Mit bloßem Auge könnten wir ihn dann doch nicht mehr erkennen. Um gerecht zu bleiben, sollten wir darauf hinweisen, dass unsere Sonne in dieser Entfernung auch nicht viel heller strahlen würde.

Immerhin bewirkt dieser Energieverlust aber, dass der Umlauf des Pulsars immer kleiner wird. Die beiden Himmelskörper laufen spiralförmig aufeinander zu. Der Durchmesser der Umlaufbahn schrumpft dabei jedes Jahr um dreieinhalb Meter, was etwa drei Millimetern pro Pulsarumlauf entspricht. In etwa 240 Millionen Jahren – astronomisch gesehen, eine sehr kurze Zeit, auch verglichen mit der Lebensdauer unserer Sonne – werden die beiden Himmelskörper mit erheblicher Geschwindigkeit ineinander stürzen. Die Dramatik eines solchen Kollapses ist un-

zen auf, im Innern der Schwarzen Löcher zum Beispiel oder am Anfang von Raum und Zeit im Urknall. Andererseits reibt sie sich mit der anderen großen physikalischen Theorie der Moderne, der Quantentheorie. Gerade im Stellenwert von Raum und Zeit zeigen sich Unstimmigkeiten und Risse. Tatsächlich kommen wir, von den möglichen Nachfolger- und Konkurrenztheorien der Gravitation aus gesehen, mit den Experimenten nun endlich in einen Genauigkeitsbereich, der erstmals Abweichungen von den Einstein'schen Vorhersagen zeigen könnte. Darum geht es jetzt vor allem: Welches Experiment bietet die besten Chancen, die Einstein'sche Gravitationstheorie an ihr Scheitern zu bringen? Einstein hat das realistisch gesehen: »Der Hauptreiz der Theorie liegt in ihrer Geschlossenheit. Wenn eine einzige Konsequenz sich als unzutreffend erweist, muss sie verlassen werden.«

Aber Einsteins Theorie erweist sich in den Experimenten und Beobachtungen – immer noch – als die stärkere.

geheuer. Die Strahlungsleistung der Gravitation steigt in den letzten Momenten des Zusammensturzes ins schier Unermessliche. Sie ist heller als tausend Galaxien mit ihren hundert Milliarden Sonnen. Ja, mehr noch. Im letzten Bruchteil des Zusammensturzes – in der letzten Hundertstel Sekunde, wenn die beiden sich tausend Mal in der Sekunde umkreisen – so »hell« wie zehn Milliarden Galaxien. Dann ein greller Gravitationsblitz. Nun auch in dieser Entfernung hundert Mal heller als die Sonne – sofern wir dies sehen könnten.

Doch wie können wir die Verkleinerung der Bahn beobachten? Dies wäre ja selbst dann nicht möglich, wenn wir dem Pulsar so nahe wie der Sonne wären! Was wir aber beobachten können, ist die Auswirkung auf die Umlaufzeit, die dadurch immer kürzer wird, denn der Pulsar durchläuft bei jedem Umlauf seinen begleiternächsten Ort, sein Periastron, immer früher. So lässt sich die Verringerung der Umlaufzeit um (momentan und mit jedem Umlauf zunehmenden) 76 Millionstel Sekunden pro Jahr erkennen. Die gemessenen Werte entsprechen so genau den Werten, die die Einstein'sche Theorie voraussagt, dass heute kein Zweifel daran besteht, dass wir tatsächlich Gravitationswellen »bei der Arbeit« beobachten.*

Wie ist das denn mit den Gravitationswellen?

Denken Sie an einen Teich. Mit einem Kochlöffel in der Hand rühren Sie bedächtig im Wasser. Wellen laufen spiralförmig nach außen. So ähnlich kommen die Gravitationswellen von ihrer Quelle bis zu uns, nur dass sich Gravitationswellen mit Lichtgeschwindigkeit fortbewegen. Und natürlich gibt es bei den Gravitationswellen kein Auf und Ab, wir würden auf ihnen nicht

---

* Auch die Erde strahlt bei ihrem Umlauf um die Sonne Gravitationswellen ab. Die Energie, die diese dem Umlauf der Erde entziehen, ist aber äußerst gering: Pro Jahr entspricht sie dem einstündigen Leuchten zweier handelsüblicher Glühbirnen – ein so geringer Wert, dass der Nachweis unmöglich sein dürfte. Selbst für den Giganten Jupiter, dem massereichsten Planeten unseres Sonnensystems, kommen nur einige Kilowatt zusammen.

reiten wie ein Stöckchen auf einer Wasserwelle. Gravitationswellen sind Wellen aus Raumzeit. Die Raumzeit selbst bewegt
sich und würde uns »von innen her« durchwalken. Wir könnten feststellen, wie wir in die Höhe gezogen und gleichzeitig in
die Breite gedrückt werden. Einen Moment später werden wir
gestaucht und in die Breite gezerrt – dies abwechselnd, während
die Gravitationswelle uns passiert. Nichts kann diesem wech-
selweisen Stauchen und Dehnen widerstehen. Tatsächlich wären
aber die Gravitationswellen nur in der Nähe einer Quelle so
drastisch (und tödlich) bemerkbar. Wir sind sehr weit von diesen Wellenquellen entfernt. Aus dem massiven Zerren der
Raumzeit ist dann ein feines Zupfen geworden. So würde die Erde selbst nur um weniger als die Größe eines Atomkerns (!) gedehnt. Was wieder die »Steifheit«, das »Zähe« der Raumzeit
zeigt. (In diesen winzigen Wellen wird aber ungeheure Energie
transportiert.) Wie soll so etwas direkt nachgewiesen und gemessen werden?

Stellen Sie sich ein Laboratorium vor, das wie ein »L« gebaut
ist. Die (allerdings gleich langen) Arme des »L« sind zwischen
300 Meter in der kleinsten und vier Kilometer in der größten
Version lang. In diesen Armen läuft in einer luftleer gepumpten
Röhre ein Laserstrahl mehrfach hin und her, aufgespalten an der
Wurzel des »L« und reflektiert an dessen Enden. Dort, wo der
Laserstrahl wieder auf sich selbst trifft, werden sogar feinste
Vibrationen der Arm-Enden im vereinigten Licht des Laser-
strahles sichtbar werden – »interferometrische Gravitationswellendetektoren« im Fachterminus der Wissenschaftler. Interfero-
metrisch heißt, dass am Treffpunkt ein Interferenz-Streifen-
muster entsteht, das auf kleinste Weglängenänderungen mit
kurzem Flimmern reagiert.

Der Laserstrahl ist so »eingestellt«, dass sich normalerweise
das zusammentreffende Licht gerade gegenseitig auslöscht –
»destruktive Interferenz«, wie das auch genannt wird. Änderungen in der Armlänge, also am Lichtweg, zeigen sich dann in
einem Aufflimmern des Interferenzmusters.

Auf dem Gelände der Universität Hannover, dreißig Kilometer südlich von Hannover im Leinetal bei Sarstedt, befindet

sich der deutsch-britische Gravitationswellendetektor GEO 600, Bauzeit September 1995 bis Dezember 2001. Ursprünglich geplant war ein Detektor mit der Armlänge von drei Kilometern, finanzielle Probleme waren der Grund für einen kleineren Bau von 600 Metern Armlänge. Viel ist nicht zu sehen – oberflächlich Obstbaumwiesen mit Apfel- und Kirschbäumen, Felder, ein paar Gebäude. Die High-Tech-Rohre mit ihrer modernen Lasertechnik, sechzig Zentimeter durchmessende, luftleer gepumpte Edelstahlröhren, liegen ein paar Meter unter den Feldwegen.

Mitte Februar 2003 lief der Normalbetrieb des Detektors an. Dort arbeiten Physiker der Universitäten Hannover, Glasgow und Cardiff sowie des Max-Planck-Instituts für Quantenoptik in Garching und des Max-Planck-Instituts für Gravitationsphysik in Golm bei Potsdam, des Albert-Einstein-Instituts (AEI), aber auch Wissenschaftler aus den USA und aus Japan.

Der Nachweis der Gravitationswellen ist natürlich äußerst schwierig, da ja nur Auslenkungen von Bruchteilen eines Atomkerndurchmessers im Zeitraum von wenigen tausendstel Sekunden erwartet werden können. Das größte Problem sind deswegen auch die ganz normalen Aktivitäten rund um das Gelände, die herausgefiltert werden müssen: der Traktor auf den benachbarten Feldern oder der ICE der Deutschen Bahn, der in zwei Kilometern Entfernung vorbeifährt. Selbst die Brandung der Nordsee oder Luftdruckschwankungen können das Ergebnis verfälschen.

Tatsächlich sind deshalb weitere Stationen notwendig, um Gravitationswellen zuverlässig aus der Unzahl von Signalen und Störeffekten identifizieren zu können. Der Bau und der Betrieb von Gravitationswellendetektoren ist ein typisch internationales Unterfangen. So entstanden in den USA zwei weitere dieser Messstationen im Rahmen des Projekts LIGO (Laser Interferometer Gravitational-Wave Observatory): Eine wurde in der Nähe von Hanford, Washington, gebaut, die andere bei Livingston, Louisiana. Die Arme sind jeweils vier Kilometer lang. Weitere Stationen, die mit diesen vernetzt werden, sind der französisch-italienische Detektor VIRGO bei Pisa mit drei Kilometern

Armlänge, TAMA 300 in Japan (300 Meter) und AIGO 400 in Australien (400 Meter). Ausgewertet werden deren Signale mit Supercomputern, wie zum Beispiel »Merlin« im Albert-Einstein-Institut. Merlin lief am 2. Juli 2003 an. Bis zu neunzig Gigabyte täglich verarbeiten die 360 Prozessoren mit 1,3 Billionen Rechenoperationen pro Sekunde.

Höhere Genauigkeit der Messung verspricht wieder der Weltraum. Im Jahr 2011 sollen drei Satelliten als gemeinsames Projekt der ESA und der NASA ins All geschossen werden, sie sind Teil des satellitengestützten Gravitationswellendetektors LISA (Laser Interferometer Space Antenna). Die Armlängen des gleichseitigen Dreiecks sind unglaubliche fünf Millionen Kilometer – 13 Mal der Abstand Erde-Mond. Über diese Entfernung hinweg werden Laserstrahlen von Satellit zu Satellit laufen. Jeder Satellit enthält zwei Teleskope, die auf jeweils die anderen beiden ausgerichtet sind und das Laserlicht erfassen. Jede Abstandsänderung der Satelliten, und sei sie noch so klein, würde wieder über die Änderung eines Interferenzmusters erkannt werden, ein Hinweis auf eine Gravitationswelle, die das Satelliten-Dreieck durchläuft.

Die LISA-Satelliten werden zwanzig Grad hinter der Erde auf der Erdumlaufbahn um die Sonne kreisen, also in etwa 52 Millionen Kilometer Entfernung. Etwa ein Jahr werden die Satelliten benötigen, um diese Position »hinter« der Erde einzunehmen, ein gigantisches Detektor-Dreieck, das sich aufgrund seiner eingenommenen Lage während des Umlaufs einmal um sich selber dreht. Diese Drehung der Dreiecksfläche lässt dann auch den Rückschluss auf die Richtung zu, aus der Gravitationswellen kommen. Stufenlos einstellbare und extrem ruhig laufende Minitriebwerke an Bord der Satelliten werden für die genaue Einhaltung der Position zueinander auf einen hunderttausendstel Millimeter genau sorgen, damit zum Beispiel der Sonnenwind die Satelliten nicht allmählich aus ihrer Bahn drängt.

Etwa zwei Jahre lang wird LISA ins Weltall lauschen und eine eigene »Musik der tiefen Gravitationstöne« aus dem Kosmos aufnehmen, die auf der Erde nur sehr schwer oder gar nicht zu hören ist. LISA wird dann das langsam heller werdende Brummen sich umkreisender Pulsare, das Kreischen der Supernova-Explosionen und den »Todesschrei« von Sternen hören, die von Schwarzen Löchern verschlungen werden. Vielleicht sogar das 15 Milliarden Jahre alte tiefe Grummeln des Urknalls.

Aber das ist noch nicht alles. Die Wissenschaftlergruppe um Don Backer, Leiter der Pulsargruppe an der Berkeley Universität, plant den »Einsatz« von Pulsaren als Detektor. Warum nicht die äußerst präzisen Signalgeber der Pulsare zum Nachweis von Gravitationswellen ausnutzen – die Erde an dem einen Ende, der Pulsar an dem anderen Ende eines imaginären Detektorarms, mit vielen Tausend Lichtjahren Länge! Eine durchlaufende Gravitationswelle müsste sich dann an dem Signal des Pulsars bemerkbar machen. Um Zufälligkeiten und Störungen auszusondern, werden die Signale anderer Pulsare damit verglichen. Idealerweise verwendet man dabei Pulsare, die gleichmäßig über die gesamte Himmelskugel verteilt sind.

Was für ein Gravitationswellendetektor – die Erde inmitten eines Schwarmes hochpräziser Sternenuhren, Aberbillionen Kilometer entfernt, verbunden nur durch das leise Ticken von Radiosignalen! Die Berkeley Pulsargruppe ist schon dabei, die Daten von Pulsaren aufzunehmen.

Sechzig Jahre, nachdem Einstein in zwei bemerkenswerten Arbeiten 1916 und 1918 die Existenz von Gravitationswellen vorausgesagt hatte, konnten diese 1978 von Hulse und Taylor indirekt an den Radiopulsen des von ihnen entdeckten Pulsarsystems PSR B1913+16 nachgewiesen werden. Vielleicht wird man Gravitationswellen nochmals mehr als dreißig Jahre später tatsächlich direkt messen können. Das Wispern der Raumzeit wird uns einen ganz neuen Zugang zum Kosmos eröffnen. Ein neues Fenster ins Weltall wird sich auftun, das nur vergleichbar ist mit den Erfolgen der Radioastronomie der frühen fünfziger und sechziger Jahre des 20. Jahrhunderts und der Röntgenastronomie ab den siebziger Jahren.

Bisher bleibt uns ein großer Teil des Weltalls verborgen, weil uns die Sicht dorthin verstellt ist. Gravitationswellen durchdringen diese Barrieren, mehr noch: Gravitationswellen kommen aus Gegenden, in denen die gewaltigsten und heftigsten Ereignisse im Kosmos stattfinden, die wir uns vorstellen können. Wir wissen nicht, was uns das Wispern der Raumzeit erzählen wird, aber es wird unser Bild vom Kosmos revolutionieren.

Einsteins Dehnung gegen Newtons Kraft

Dass Einsteins Gravitationstheorie im Wesentlichen die Ergebnisse der Theorie Newtons wiederholen können muss, ist selbstverständlich. Nicht umsonst hatte die Newton'sche Theorie die Jahrhunderte hindurch einen solch überragenden Erfolg, die Erscheinungen in unserem Sonnensystem zu beschreiben. Tatsächlich war ja Newtons Theorie zwei Jahrhunderte lang unumstößliche Grundlage jeglicher Physik und ist es in weiten Teilen immer noch.

Der Erfolg Einsteins musste sich also zunächst in den unerklärten Effekten zeigen wie zum Beispiel der zusätzlichen Periheldrehung des Merkur. Die Periheldrehung des Merkur blieb unverstanden, bis Einstein den vollständigen Wert aus seiner Theorie ableiten konnte. Wenn dann Einsteins Theorie die Natur umfassender beschreibt und auf neue Phänomene führt, die in der Welt Newtons noch nicht vorgekommen waren, umso besser. Einsteins Theorie umfasst also die Gravitationstheorie Newtons und erklärt ihre Ergebnisse, davon gehen wir aus. Sie sollte zeigen können, warum und wo die Theorie Newtons genügt und wie wir über diese hinauskommen können.

Wenn wir, wie es John Mitchell und Georg von Soldner getan haben, die Gravitationstheorie um die Auffassung erweitern, das Licht bewege sich als kleinste Teilchen (»Korpuskeln«) mit Lichtgeschwindigkeit, können wir ebenfalls auf die Rotverschiebung und damit auch auf eine Uhrenverlangsamung schließen. Mit diesem Ansatz werden wir diese Erscheinungen natürlich nicht auf eine Verlangsamung der Zeit zurückführen können, sondern auf die Gravitationskraft, von der wir bisher nicht gesprochen haben (und es auch weiterhin nicht wollen).

Die Zeit ist bei Newton absolut und nicht wie bei Einstein vom Beobachtungsstandpunkt abhängig. Andererseits benötigt Einstein anders als Newton keine Gravitationskraft.

Schwarzschild hatte 1916 in der Einstein'schen Theorie eine Beschreibung der Raumzeit gefunden, die fast haargenau auf zum Beispiel unsere Sonne passt. Das »fast« bezieht sich vor allem darauf, dass Schwarzschild die Rotation der Sonne vernachlässigt und sie auch sonst zu einer perfekten Kugel macht. Der Gewinn dieses »fast« ist ein wunderbar einfaches Bild der Raumzeit, das aber alle wesentlichen Eigenschaften einer gedehnten Raumzeit umfasst. Selbst Schwarze Löcher sind in Schwarzschilds Beschreibung enthalten, sie drehen sich zwar nicht, enthalten aber alles, was ein »echtes« Schwarzes Loch ausmacht.

Die Einfachheit zeigt sich darin, dass Raum und Zeit unabhängig voneinander durch einfache Faktoren gedehnt werden. Es ist, als hätten wir ein einfaches Modell gebaut, das aber durchaus in den wichtigsten Erscheinungen mit dem Vorbild übereinstimmt: Uhrenverlangsamung, Frequenzverschiebung, Lichtablenkung, veränderte Geometrie, sogar die Periheldrehung und die Laufzeitverzögerung. Lassen wir an dieser Beschreibung die Raumdehnung weg (also den betreffenden Faktor), so fallen interessanterweise die rein Einstein'schen Effekte weg. Insbesondere halbiert sich die Lichtablenkung zum Wert von Soldner. Es ist, als beruhe die Newton'sche Welt mit ihrer Gravitation allein auf der Zeitdehnung und als spüre insbesondere das Licht in seiner schnellen, übergreifenden Bewegung auch den gedehnten Raum.

In gewisser Hinsicht genügt also sogar die Zeitdehnung der Einstein'schen Theorie, um die Erscheinungen der Theorie Newtons zu erklären. Diesen Sachverhalt mit anderen Worten und zugespitzt formuliert: Die ältere Theorie führt die Gravitationskraft ein, um Effekte zu beschreiben, die aus der – zur Zeit Newtons noch nicht entdeckten – Zeitdehnung herrühren.

Der Unterschied kann nicht größer sein. Alles, was Newton mit Hilfe einer Gravitationskraft beschreibt, führt Einstein auf die Dehnung der Zeit (und des Raumes) zurück. Alles, was bei

Newton also an einwirkender und beeinflussender Kraft von den beteiligten Objekten ausgeht, ist für Einstein Eigenschaft der Raumzeit. Einstein weist Raum und Zeit eine entschieden andere Rolle zu als Newton. Wo für Newton Raum und Zeit unnahbar absolut und unberührt bleiben von jedem Geschehen, werden sie bei Einstein selbst zu beeinflussbaren Größen. Der Einfluss zeigt sich zum Beispiel im Gang der Uhren, die ja den Aspekt der Zeit an der Raumzeit messen. Raumzeit wirkt aber auch wieder zurück. Wir beobachten diesen Einfluss an der Ablenkung von Licht, an der Verschiebung von Planeten- und Sternenbahnen oder an der Verschiebung der Drehachse von Kreiseln.

Die Raumzeit gleicht bei Einstein einer hügeligen Landschaft, und nicht einer starren Bühne, einem leeren Schaukasten wie bei Newton. Sonnen und Planeten markieren die Gipfel in dieser Landschaft, also dort, wo diese Landschaft »gedehnt« ist. Aber mehr noch, diese Landschaft ist in Bewegung. Die Gipfel selbst rotieren, wo die Himmelskörper sich drehen. Wellen laufen durch die Landschaft und lassen alles erbeben. Starre Bühne im ewigen Gleichmaß der Zeit bei Newton versus einer »lebendigen« Landschaft mit Höhenzügen bei Einstein. Wie es dazu kommt, darum müssen wir uns im nächsten Schritt in die Einstein'sche Welt kümmern.

Fallen

»*Das Schönste, was wir erleben können,
ist das Geheimnisvolle.*«
Albert Einstein

Im freien Fall

Keine Erfahrung scheint so fundamental und unzweifelhaft wie die, dass alles zu Boden fällt. Dass dabei alles gleich schnell zu Boden fällt, entzieht sich zwar unserer unmittelbaren Erfahrung, gehört aber zu den am besten bestätigten Tatsachen. Ist das nicht eigentlich verwunderlich? Warum sollte die Feder so schnell zu Boden fallen wie ein Stück Metall? Dass die Dinge dies tun, wenn nur die umgebende Luft sie nicht mehr hindert, zeigte eindrucksvoll der Astronaut David Scott.

Am 26. Juli 1971 startet eine Saturn V Rakete, um Apollo 15 auf den Weg zu bringen. Flugkommandant David Scott und James Irwin verbringen fast drei Tage auf dem Mond. Zum ersten Mal werden auch Farbfernsehbilder übertragen. Mit einem batteriebetriebenen Mondauto durchqueren die beiden Astronauten in insgesamt drei Ausflügen mehr als 28 Kilometer der Mondoberfläche. Am Ende des letzten Mondausfluges führt Scott gefilmt von den Kameras einen Fallversuch vor. In der einen Hand hält er einen 1,3 kg schweren Aluminium-Hammer, in der anderen eine wenige Gramm schwere Falkenfeder. Er hält beide in derselben Höhe vor sich und lässt sie zur gleichen Zeit los:

»In meiner linken Hand halte ich eine Feder, in meiner rechten einen Hammer. Ich glaube, einer der Gründe, warum wir heute hier sind, ist, dass ein Herr namens Galilei vor langer Zeit eine ziemlich bedeutende Entdeckung über fallende Objekte im Gravitationsfeld machte, und wir dachten, dass wohl nirgends ein besserer Ort wäre, seine Entdeckungen nachzuprüfen, als auf dem Mond. Und so kamen wir darauf, es hier für Sie auszuprobieren. Ich lasse jetzt beide, Feder und Hammer, fallen und hoffe, dass sie gleichzeitig auf dem Boden ankommen. Was ist passiert! Herr Galilei hatte Recht mit seiner Entdeckung.«

Warum fallen alle Dinge gleich schnell? Für die Physik vor Einstein war dies eine eher zufällige Sache. Die Schwerkraft, die an den Dingen zog, musste diese gerade so in Bewegung setzen, dass die großen so schnell wurden wie die kleinen fallenden Objekte. Die Schwerkraft packt die Dinge an ihrer Schwere (genauer ihrer »schweren Masse«), die Bewegung erfolgt aber gemäß ihrer Trägheit (der »trägen Masse«). Die höhere Trägheit größerer Objekte musste also ganz genau durch eine höhere Schwere ausgeglichen sein. Warum diese beiden Eigenschaften eines jeden Objektes, die Schwere und die Trägheit, gleich sein sollten, musste die Physik hinnehmen, erklären konnte sie es nicht.

Sie kommen an einen Spielplatz. Eine Kindergartengruppe spielt dort. Offensichtlich ruft eben die Erzieherin die Kinder herbei. Sie winkt den Kindern, scheint aber jedem einzelnen Kind recht genaue Angaben zu machen, denn die Kinder gehen alle den gleichen Weg.

Sie kommen näher heran. Die Kinder stammen wohl aus verschiedenen Ländern, doch offensichtlich spricht die Erzieherin alle Sprachen der Kinder. Sie ruft jedes Kind in seiner Sprache gerade so, dass dieses denselben Weg wie die anderen nimmt.

Sie kommen noch näher. Jetzt ist zu erkennen: Die Kinder befinden sich auf einer Rutschbahn, auf der sie der Erzieherin entgegengleiten. Diese winkt den Kindern einfach nur zu. Die Kinder folgen also in Wirklichkeit nicht ihrer Anweisung, sondern bleiben lediglich auf einer vorgegebenen Bahn. Um es anders auszudrücken: Der Weg der Kinder ist nicht Folge einer besonderen Kommunikation mit der Erzieherin, sondern Eigenschaft des Weges selbst.

Einstein gibt eine überraschende Antwort auf die Frage, warum alle Dinge gleich schnell fallen: Es wirkt gar keine Schwerkraft auf die Dinge, sondern diese folgen tatsächlich einer Art »Rutschbahn«. Die Raumzeit bildet solche Bahnen. Einstein kann die Auswirkungen der Schwerkraft, der Newton'schen Gravitation, auf die Eigenschaften einer gedehnten Raumzeit übertragen, weil die Dinge alle gleich schnell fallen. Die Bahn, die ein Objekt beim Fallen einnimmt, ist keine Eigenschaft des Objektes, keine Auswirkung einer besonderen Kraft, sondern eine Eigenschaft der Raumzeit. Der Physiker spricht hier von der Geometrisierung der Gravitation und meint damit die Zurückführung der Schwerkraft auf die Geometrie, also auf die Struktur von Raum und Zeit. Bei keiner anderen Kraft gelingt dies.

Dass alle Dinge gleich schnell fallen, ist die Aussage des sogenannten »Schwachen Äquivalenzprinzips« und zugleich also eine wichtige Voraussetzung für die Einstein'sche Gravitationstheorie (Sie vermuten richtig, dass es auch ein »Starkes Äquivalenzprinzip« gibt, davon später mehr). Würde durch irgendein Experiment festgestellt werden, dass zwei unterschiedliche Ob-

Galileo Galilei

Galileo Galilei gilt als Begründer der modernen exakten Naturwissenschaft. Bei ihm finden wir zum ersten Mal den Dreischritt der wissenschaftlichen Methode: Der Vorgang wird von allen störenden Einflüssen getrennt (Abstraktion), ein Prinzip des Vorganges als Vermutung formuliert (Hypothese) und dieses in weiteren Versuchen getestet (Experiment). Auf diese Weise findet er etwa zu seinen berühmten Fall- und Wurfgesetzen und zu seinem Trägheitsprinzip, nach dem eine gleich bleibende Bewegung eines Körpers keiner zusätzlichen Kraft bedarf, um sie am Leben zu erhalten.

Galileo Galilei wird am 15. Februar 1564 in Pisa als Sohn des Komponisten und Musiktheoretikers Vincenzo Galilei geboren. 1581 beginnt er an der Universität in Pisa ein Medizinstudium, wendet sich aber rasch der Mathematik und der Philosophie zu. 1589 erhält er einen Lehrstuhl für Mathematik in Pisa, wechselt dann bald an die Universität in Padua.

jekte nicht gleich schnell fallen, so wäre die Einstein'sche Gravitationstheorie gescheitert (und müsste durch eine umfassendere Theorie ersetzt werden). Das Äquivalenzprinzip ist tatsächlich notwendige Voraussetzung der Einstein'schen Theorie, es ist die Achillesferse, mit der das Gedankengebäude steht und fällt.

Wo anders als wieder im Weltraum mit Hilfe von Satelliten ließe sich dies am besten testen!

Das STEP-Experiment (Satellite Test of Equivalence Principle) ist eines der vielen Experimente, die das Schwache Äquivalenzprinzip testen sollen. STEP ist ein gemeinsames Projekt der ESA und der NASA, entwickelt an der Universität von Stanford (schon in den frühen siebziger Jahren) und soll im August 2005 starten.

Im STEP-Satelliten werden Testzylinder mitgeführt, die aus unterschiedlichen Materialien bestehen. Die beiden Vergleichsobjekte fallen nicht senkrecht Richtung Erdboden, sondern auf der Satellitenkreisbahn in einem Bogen rund um die Erde. Verwechseln Sie »Fallen« nicht einfach mit dem Verlust an Höhe. Von »Fallen« können wir auch dann sprechen, wenn wie hier

Mit Einstein teilt Galilei die Furchtlosigkeit gegenüber Autoritäten, ja deren regelrechte Ablehnung: »In Fragen der Wissenschaft ist die Autorität Tausender nicht so viel wert wie das schlichte Nachdenken eines Einzelnen.«

Bald gelangt sein freier Geist in vielen wichtigen Fragen der Wissenschaft in Widerspruch zur herrschenden Lehrmeinung, in der die Ptolemäische Astronomie und die Aristotelische Physik und Kosmologie den Ton angeben. Ab 1616 gerät Galilei, hintertrieben von seinen Gegnern, zunehmend in Konflikt mit der mächtigen katholischen Kirche. Als er 1632 seinen ›Dialog über die beiden hauptsächlichen Weltsysteme, das ptolemäische und das copernicanische‹ veröffentlicht, eskaliert der Streit. Galilei muss seinen Anschauungen abschwören und wird unter Hausarrest in seinem Landhaus bei Florenz gestellt. Dort stirbt er am 8. Januar 1642.

etwas rund um die Erde fällt. Besser spricht man hier vom freien Fall, um den Unterschied (und die Gemeinsamkeit) zum bloßen Fallen von oben nach unten zu verdeutlichen. Das Prinzip des Fallens bleibt dasselbe. Der Trick besteht einfach darin, wie es Douglas Adams in ›Das Leben, das Universum und der ganze Rest‹ ausführt: »dass man lernt, sich auf den Boden zu werfen, aber daneben«. Mit dem richtigen Schwung, so ergänzen wir, fällt man immer weiter, ohne auf dem Boden aufzutreffen.

Die beiden Zylinder im STEP-Satelliten aus den Materialien Platin-Iridium und Beryllium stecken ineinander. Fallen die beiden unterschiedlich schnell, würde sich dies in einer Änderung des Abstandes zueinander zeigen. Die beiden Testkörper sind aber so gelagert, dass sich dieser Abstand periodisch mit dem Umlauf ändern müsste, sie müssten mit dem Umlauf des Satelliten gegeneinander schwingen. Eine solche Schwingung ließe sich gegenüber allen anderen Störungen aufgrund ihrer Regelmäßigkeit herauslesen. Die ausgefeilte Technik erlaubt es, eine Abstandsänderung von weniger als dem Durchmesser eines Atoms zu messen. Dies entspräche dem unglaublich kleinen Unterschied beim Fallen von nur Eins zu einmal Million mal Million mal Million, einer Eins mit 18 Nullen. Die Kunst des Messens wird vor allem darin liegen, alle Störfaktoren auszusondern.

Interessanterweise fällt der STEP-Satellit selbst nicht frei. Vielmehr muss er seine Umlaufbahn mit bordeigenen Triebwerken immer wieder korrigieren, um zum Beispiel dem Luftdruck entgegenzusteuern, der selbst noch in dieser Höhe von etwa 550 Kilometern das Experiment stören würde. Recht besehen schafft also erst der Satellit die Umgebung, in der die Testzylinder frei fallen können.

Das Äquivalenzprinzip

Nehmen Sie für den kurzen Moment einer interstellaren Reise an, Sie seien Mitglied eines Sternenvolkes, das in Raumfahrzeugen lebt und erst kürzlich die Existenz von Planeten wiederentdeckt hat. Natürlich gäbe es alte Schriften, Sagen und Märchen, die von gigantischen Steinbrocken berichten, die noch größere Feuerkugeln begleiten. Mit dem Mut eines Helden und einem Stoß alter Urkunden machen Sie sich auf den Weg zu einem blau schimmernden »Brocken«. Bald nach der Landung machen Sie die ersten Fallexperimente. Beobachten Sie ein merkwürdiges Verhalten der fallenden Dinge? Eigentlich nicht, Sie kennen die Situation aus den kleinen Experimentierzimmern, die sich mit Raketentriebwerken gleichmäßig beschleunigen lassen. Wenn Sie mit Hilfe dieser Raketenantriebe ordentlich beschleunigen, dann spüren Sie diesen Schub von den Beinen bis zu Ihrem Nacken hinauf. Auch hier auf diesem »Brocken« spüren Sie diese »Kraft«. Und lassen Sie dort zwei unterschiedliche Gegenstände los, so jagt Ihnen der Boden des Raketenzimmers mit wachsender Geschwindigkeit entgegen. Kein Wunder, dass es so aussieht, als fielen beide – und das auch noch gleich schnell. (Wenn Sie dieses Fallen kennen würden, natürlich.) Hier auf dem Brocken ist es genauso. Sollte das Fallen also hier gar nicht an den Gegenständen liegen, sondern an etwas anderem? Dieses »Andere« sollten Sie suchen.

Oder wäre hier doch eine Kraft verantwortlich zu machen, die alle Dinge nach unten zieht, aber merkwürdigerweise erst dann zu spüren ist, wenn das Fallen aufgehalten wird? Eine Kraft, die kleine Gegenstände wenig und große stark antreibt? Es dürfte, bei Licht besehen, nicht merkwürdiger sein, eine solche Kraft zu konstruieren, als dieses »Andere« zu suchen, zumal dieses »Andere« schnell noch weitere Eigenschaften aufweist, wie die Drehung von Kreiselachsen, die Verlangsamung von Uhren, die Verschiebung von Frequenzen und so weiter.

Machen Sie sich bewusst, dass Sie die Schwerkraft, die wir gewohnt sind, als Erklärung heranzuziehen, tatsächlich von unten nach oben spüren. Sie spüren Sie an den Fußsohlen – sofern Sie nicht gerade fallen. Dann spüren Sie nichts davon.

Sie haben einen wichtigen Umstand entdeckt. Das von Raketen angetriebene Experimentierzimmer und eine Kabine, die auf dem Boden dieses »Brockens« steht – beide zeigen dasselbe Phänomen einer ziehenden Kraft und das gleiche Fallen von Gegenständen. Könnten Sie die beiden Situationen überhaupt mit noch so ausgeklügelten Fallexperimenten unterscheiden? Einstein sagt: nein.

Und wenn die Kabine fällt? Die Kabine wird so schnell fallen wie die Gegenstände in ihr. Auch Sie würden so schnell fallen, da alles gleich schnell fällt. Keine »Kraft« drückt mehr von Ihren Beinen den Nacken hinauf. Die losgelassenen Gegenstände werden ihre Position zueinander und zur Kabine nicht ändern. Sie scheinen relativ zu den Kabinenwänden zu schweben. Jede Änderung müsste ja darauf hinweisen, dass der eine Gegenstand doch schneller als der andere fällt. Als Sternenfahrer kennen Sie diese Situation. Ein Experimentierzimmer, das ohne jede Beschleunigung durch Raketen frei fällt, zeigt diese Phänomene ebenfalls. Auch hier die Frage: Könnten Sie beide Situationen, das frei fallende Experimentierzimmer hier, die frei fallende Kabine dort, durch noch so ausgeklügelte Fallexperimente unterscheiden? Auch hier die klare Antwort Einsteins: nein.

Die Aussage des Schwachen Äquivalenzprinzips, dass fallende Gegenstände gleich schnell fallen, können wir auch so formulieren:

🕐 Frei fallende Kabinen können durch Fallexperimente nicht unterschieden werden. Eine gleichmäßig beschleunigte Kabine lässt sich ebenso nicht von einer auf der Erde stehenden Kabine unterscheiden.

Diesen Umstand macht sich das ZARM zunutze, das Zentrum für angewandte Raumfahrttechnologie und Mikrogravitation. Das ZARM-Institut gehört zur Bremer Universität und ist inzwischen auch eine offizielle Einrichtung der ESA. Auf dem

Gelände steht der in Europa einzigartige 144 Meter hohe Fallturm, darin befindet sich eine Fallröhre mit einem Durchmesser von 3½ Metern. Seit Mitte 1991 werden dort Experimente zur Schwerelosigkeit durchgeführt.

Vor jedem Experiment wird zunächst der Turm luftleer gepumpt. Dann fallen die rund 300 bis 500 Kilogramm schweren Behälter etwa fünf Sekunden lang in die Tiefe, bevor sie wieder in einem drei Stockwerke hohen Auffangbehälter mit Styroporkugeln abgebremst werden. Dank moderner Technik können in dieser kurzen Zeit vierzig verschiedene Messwerte bis zu 40 000 Mal aufgezeichnet oder bis zu 20 000 Bilder aufgenommen werden. Ein Katapult verdoppelt sogar die Experimentierzeit. Innerhalb einer Drittelsekunde werden die Flugbehälter auf bis zu 175 Stundenkilometer beschleunigt und »fallen« die Röhre nach oben. Denken Sie daran: Sobald die Behälter das Katapult verlassen haben, befinden sie sich im freien Fall. Sie erinnern sich an den STEP-Satelliten. Erst wenn der Behälter die Styropor-Kugeln berührt, endet der freie Fall.

In ähnlicher Weise nutzt man das Äquivalenzprinzip beim »Parabelflug«. Denken Sie bei diesem Stichwort einfach an einen Stein, den Sie schräg nach oben werfen. Der Stein wird eine Kurve nach oben beschreiben, den Scheitelpunkt der Wurfbahn erreichen und dann weiter schräg nach unten fallen. Um sogenannte Parabelflüge durchführen zu können, unterhält die ESA einen umgebauten Airbus A300, er gehört zu den großen Parabelflugzeugen. Ein typischer Flug beginnt in etwa 7500 Metern Höhe. Der Pilot zieht das Flugzeug steil nach oben (circa 45 Grad Steigflug). Zwanzig Sekunden lang herrscht an Bord doppelte Schwerkraft. Dann, bei 8700 Metern Höhe werden die Triebwerke gedrosselt. Das Flugzeug fällt nun fast antriebslos in eine Flugparabel, zunächst weitere 1300 Meter aufwärts. Es herrscht Schwerelosigkeit, 20 bis 25 Sekunden lang. Zeit für Experimente aller Art, Tests von Geräten und die Ausbildung von Astronauten. Dann, das Flugzeug stürzt schon wieder der Erde entgegen, fängt der Pilot das Flugzeug ab und zieht es wieder in den Normalflug. Bei dem zweieinhalb Stunden dauernden Flug werden zwischen zwanzig und vierzig Parabeln durchflogen. Doch der Flug hat seine Tücken. Bei aller Begeisterung für die Schwerelosigkeit werden die »Fluggäste« von Übelkeit und Brechreiz geplagt. Weshalb Parabelflugzeuge auch den Spitznamen »vomit comet« (Kotzbomber) tragen. Auch der Pilot hat alle Hände voll zu tun, das Flugzeug zu halten. Letztlich muss er entgegen dem Luftwiderstand, den Wetterbedingungen und dem Auftrieb das Flugzeug so steuern, dass es der anvisierten Flugparabel folgt und wie bei STEP für den »freien Fall« sorgt.

Jules Verne erzählt 1870 in seinem Roman ›Reise um den Mond‹ vom Mondflug seiner drei Helden Ardan, Barbicane und Nitcholl. Mit einer gigantischen Kanone wird ihr Projektil quer durch die Atmosphäre der Erde in Richtung Mond geschossen. Wir nehmen aus dem achten Kapitel des Romans einige kleine Passagen heraus. Die Reisenden sind zu diesem Zeitpunkt dabei, jenen Punkt zwischen Erde und Mond zu passieren, an dem sich die Anziehungskraft von Erde und Mond gerade ausgleichen.

»Seit dem Moment, da sie von der Erde abgefahren waren, hatten sie selbst, die Kugel samt den darin enthaltenen Gegenständen, beständig und in zunehmendem Verhältnis an Schwere abgenommen. …

Bisher hatten die Reisenden, obwohl sich ihnen ergab, dass diese Kraft mehr und mehr schwand, doch noch nicht ihre völlige Abwesenheit erkannt. Aber diesen Tag, gegen elf Uhr morgens, als Nitcholl ein Glas aus der Hand fallen ließ, blieb dasselbe, anstatt zu fallen, in der Luft schweben. …

›Das Schweben in der Höhe kann nicht andauern‹, erwiderte Barbicane. ›Wenn das Projektil über den neutralen Punkt hinauskommt, wird die Anziehungskraft des Mondes uns nach diesem hinziehen.‹«

Wenn wir von der Frage absehen, ob ein Mensch diese ungeheure Beschleunigung des Kanonenabschusses überleben könnte, und auch den Luftwiderstand ignorieren, der die Sache komplizieren kann: Hat Jules Verne nicht etwas übersehen? Würde das Projektil von Raketen angetrieben, hätten wir im Wesentlichen unser beschleunigtes Experimentierzimmer der Sternenfahrer vor uns. Mit dem Äquivalenzprinzip könnten wir dann schließen (nun umgekehrt zu oben), dass die Verhältnisse im Projektil wie in der Kabine sind, die auf der Erde steht. Die Männer würden eine Kraft erleben, wie wir sie geläufig als Schwerkraft beschreiben, eine Kraft, die, je nach Stärke der Beschleunigung die Männer auf dem Boden hält und auch sonst für Verhältnisse wie vor dem Start sorgt. Aber hier stellt Jules Verne ja ein Projektil vor, das einmalig (beim Start) beschleunigt wird, dann aber ohne zusätzlichen Schub weiterfliegt.

Wir können sagen, dass es frei fällt. Beachten Sie, dass wir von störenden Einflüssen wie dem Luftwiderstand absehen wollen. (Wenn wir diesen berücksichtigten, wie würde die Kraft wirken, vom Projektilinnern aus gesehen?) Je nach anfänglicher Geschwindigkeit wird das Projektil in mehr oder weniger hohem Bogen zur Erde zurückfallen. Oder sogar, wie Jules Verne erzählt, den Bereich der Erde verlassen und in Richtung Mond fallen – eine frei fallende Kabine. Darin herrscht Schwerelosigkeit, vom Start an bis zum Auftreffen auf dem Mond und nicht nur diesen kleinen Moment lang, den Jules Verne beschreibt. Er wird uns verzeihen, wenn wir seinen Text in diesen Passagen abändern (und die Reibung der Luft vernachlässigen sowie den Moment der furchtbaren Beschleunigung):

»Seit dem Moment, da sie von der Erde abgefahren waren, befanden sie sich im freien Fall. …

Von jenem furchtbaren Schlage an, mit dem das Projektil aus der Kanone geschleudert worden war, spürten sie ihre Schwere nicht mehr. Ein Glas, das Nitcholl aus der Hand fallen ließ, blieb in der Luft schweben. …

›Das Schweben in der Höhe wird andauern‹, erwiderte Barbicane, ›bis wir auf dem Boden des Mondes ankommen.‹«

Und noch ein Letztes zum freien Fall:

Zu seinem 76. Geburtstag erhielt Albert Einstein von Eric M. Rogers ein Geschenk, das die Anwendung des freien Falls wunderschön illustriert. Die Idee dazu ist einem bekannten Kinderspiel entliehen: Ein Ball ist mit einer Schnur am Boden eines Bechers befestigt. Es gilt, den Ball durch geschicktes Hochschleudern mit dem Becher aufzufangen. Beim Geschenk von Rogers läuft die Schnur in eine Spiralfeder aus. Nun ist die Feder allerdings zu schwach, den Ball hineinzuziehen. Die »alte«

Methode schleudert den Ball nur in die Höhe, so dass die Federkraft ebenfalls nicht genutzt wird. Die sichere Methode, den Ball durch den Becher einzufangen, liegt aber nun in der Ausnutzung des freien Falls. Wird der Becher samt Ball einfach fallen gelassen, kann die Feder den Ball ohne weiteres in den Becher hineinziehen. Denn Becher, Ball und Feder sind im Fallen schwerelos, und die schwache Kraft der Feder reicht nun aus.

Ein starkes Prinzip

Das Schwache Äquivalenzprinzip ist der Ausgangspunkt für die weiteren Überlegungen Einsteins, die ihn schließlich zu seiner Gravitationstheorie führen. Einstein erweitert dieses Prinzip, er behauptet, dass es überhaupt kein Experiment gibt, das die oben genannten Situationen unterscheiden lässt. Da es auf die Wände der Kabinen prinzipiell nicht ankommt, von Störungen wie dem Luftwiderstand abgesehen, können wir dieses erweiterte Äquivalenzprinzip auch so formulieren, dass alle Experimente überall im Universum gleich ablaufen würden – immer vorausgesetzt natürlich, wir können Störeinflüsse vom Experiment abhalten.

Dieses Starke Äquivalenzprinzip ist die Grundlage der Einstein'schen Gravitationstheorie. Wenn wir die Formulierung kompakt halten und voraussetzen wollen, dass wir die beschleunigte Kabine stillschweigend in geeigneter Form mit einschließen und zudem auch noch den Begriff »äquivalent«, also gleichwertig, verwenden wollen, weil das Prinzip schon so heißt, dann wird unser folgender Merksatz sehr kurz:

🕐 Fallende Kabinen sind in jeder Hinsicht äquivalent.

Wir können dies auch, unter Vernachlässigung der Kabinenwände, so formulieren:

① Jedes Experiment läuft an jedem Ort des Universums gleich ab.

Einstein nutzt sein Äquivalenzprinzip wie eine Sonde in einem unbekannten Gebiet. Vor allem basieren seine frühen Überlegungen zur Lichtablenkung, zur Zeit und zur Lichtgeschwindigkeit auf dem Vergleich von beschleunigter Kabine und der Situation unter der Gravitation auf der Erde. In seinen eigenen Worten:

»Indem wir dies annehmen, erhalten wir ein Prinzip, das, falls es wirklich zutrifft, eine große heuristische Bedeutung besitzt. Denn wir erhalten durch die theoretische Betrachtung der Vorgänge, die sich relativ zu einem gleichförmig beschleunigten Bezugssystem abspielen, Aufschluss über den Verlauf der Vorgänge in einem homogenen Gravitationsfelde.«

Wir wollen die Tragweite des Äquivalenzprinzips an dem einen oder anderen Phänomen testen: Schlüpfen wir wieder in die Rolle des Sternenfahrers und nehmen ein Experimentierzimmer heran. Zwei gleichgehende Uhren befinden sich am Boden und an der Decke des Zimmers. Beide Uhren senden in bestimmten Zeitabschnitten kurze Lichtpulse zur jeweils anderen Uhr aus. Solange die Kabine nicht beschleunigt wird, sind beide Uhren im Takt, was wir einfach erkennen können, wenn wir quasi als Schiedsrichter einen Sternfahrerkollegen in der Mitte zwischen den beiden Uhren festschnallen.

Wir lassen nun die Raketentriebwerke zünden. Nach dem Äquivalenzprinzip schaffen wir damit für den Kollegen eine Situation vergleichbar in einem Zimmer auf der Erde. Der Sternfahrer eilt nun den Lichtpulsen der unteren Uhr davon. Den Lichtpulsen der oberen Uhr jagt er entgegen. Da das Zimmer beschleunigt wird, kommen die Lichtpulse der unteren Uhr immer später an, die der oberen immer früher. Es wird also so sein, als ginge die untere Uhr nach (und dies konstant), die obere dagegen vor.

Nach dem Äquivalenzprinzip wird dies ebenso auf der Erde stattfinden, die untere Uhr geht der oberen gegenüber nach.

Nun zur Lichtablenkung: Der Lichtstrahl geht von der einen Zimmerwand zur nächsten. Wir haben ihn der Einfachheit halber so ausgerichtet, dass er parallel zum Fußboden des Zimmers verläuft. Wir lassen wieder die Raketentriebwerke zünden. Während der Lichtstrahl zur gegenüberliegenden Zimmerseite rast, beschleunigt das Zimmer nach oben. Das Resultat wird wie die Flugbahn eines schnell geworfenen Balles aussehen, prinzipiell zumindest – aufgrund der hohen Geschwindigkeit des Lichtes wird dieser Bogen allerdings nicht zu sehen sein. Und wieder sagt uns das Äquivalenzprinzip, dass das Licht diesen Bogen auch auf der Erde einnehmen wird. Das Licht wird abgelenkt.

Beachten Sie, dass mit Hilfe des Äquivalenzprinzips keine Aussage darüber gemacht wird, warum das Licht fällt. Das Licht fällt allein »wegen« der Gleichwertigkeit der Zimmer. Eine Erklärung zum Beispiel gibt die Hypothese der Lichtteilchen im Verbund mit der Gravitationstheorie Newtons. Einstein hat eine

Stark, stärker, Nordtvedt

Das Starke Äquivalenzprinzip verlangt, dass auch schwere Objekte gleich schnell fallen. Wie schwer? So schwer, dass auch die Energie, die darin besteht, dass diese Objekte aufgrund der Gravitation zusammenhalten, eine Rolle spielt. Auch diese Gravitationsenergie sollte dem Prinzip unterliegen. (Wir erinnern uns: Energie entspricht Masse und hat Eigenschaften von Masse gemäß der Formel $E = mc^2$.) Sollten aber zum Beispiel Mond und Erde aufgrund ihrer unterschiedlichen Gravitationsenergie verschieden fallen, so müsste sich das in der Umlaufbahn des Mondes zeigen, denn diese würde leicht in Richtung Sonne gedehnt werden. Das ist der sogenannte Nordtvedt-Effekt, nach dem Physiker Kenneth Nordtvedt, der ihn 1968 berechnet und seine Messung angeregt hat. Was also Not tut, ist die präzise Messung des Abstandes Erde–Mond, während beide in ihrer jährlichen Umlaufbahn um die Sonne fallen.

Am 20. Juli 1969 landete die Apollo-11-Landefähre ›Eagle‹ auf dem Mond und ließ neben den ersten Fußabdrücken eines Menschen auch eine koffergroße Reflektorplatte mit hundert »Katzenaugen« auf dem

andere Erklärung, eine Erklärung, die im Zusammenhang mit der Dehnung von Raum und Zeit steht.

Tatsächlich erlaubt die Anwendung des Äquivalenzprinzips auch eine zahlenmäßige Abschätzung der Lichtablenkung, es ist dies der Wert, den Einstein noch vor der Vollendung seiner Theorie erhalten hat. Wie wir wissen, ist dieser Wert um die Hälfte zu klein. Das Äquivalenzprinzip ist zwar notwendige Grundlage der Einstein'schen Theorie – quasi als Mindestanforderung –, greift selbst aber noch zu kurz.

Nachdem wir Vertrauen in das Äquivalenzprinzip gewonnen haben, wollen wir es als Sonde einsetzen, um mehr über die Raumzeit zu erfahren und um Bilder zu gewinnen, die uns die Eigenschaften einer dehnbaren Raumzeit verdeutlichen helfen.

Mond zurück – der erste Reflektor für Laserlicht von vier weiteren, die es heute erlauben, den Abstand des Mondes bis auf 1,7 Zentimeter genau zu messen.

Eine Genauigkeit von wenigen Millimetern ist das nächste Ziel. Die leuchtenden Laserimpulse sind etwa 2½ Sekunden unterwegs, bis sie wieder im Reflektor eintreffen, und haben sich inzwischen auf mehrere Kilometer Durchmesser aufaddiert. Die Intensität des Impulses ist auf ein Hundertstel gefallen, bei der Empfindlichkeit der Messung müssen selbst die Gezeitenhebungen des Erdbodens oder die Verschiebung der Kontinente berücksichtigt werden.

In der Einstein'schen Gravitationstheorie darf es den Nordtvedt-Effekt nicht geben, alle bisherigen Messungen deuten mit sehr hoher Genauigkeit tatsächlich darauf hin. Offensichtlich gilt auch das Starke Äquivalenzprinzip, und Einstein hat Recht – oder, um es genauer zu sagen: Der Unterschied im freien Fall von Erde und Mond muss kleiner als Eins zu zehn Billionen sein.

Gezeiten

Lassen wir wieder einen Sternfahrerkollegen in dem frei fallenden Experimentierzimmer Platz nehmen. Während das Zimmer von einem wirklich sehr hohen Turm fällt, beobachten wir ihn und seine Experimente. Zunächst läuft alles wie gehabt. Der Sternfahrer lässt zwei kleinere Gegenstände auf halber Höhe des Zimmers los, die beiden Gegenstände bleiben für ihn dort schweben – während sie für uns ja gleich schnell mit dem Zimmer fallen (der Luftwiderstand soll wie bisher keine Rolle spielen).

Aber dann: Herr Kollege Sternfahrer meldet, die beiden Gegenstände würden unmerklich zwar, aber stetig aufeinander zuschweben. Ziehen sich die beiden denn an? Nun, das Aufeinanderzuschweben bleibt gleich groß, auch wenn er verschiedene Materialien, ja auch in unterschiedlicher Größe verwendet. An einer Kraft zwischen den Gegenständen wird es wohl nicht liegen.

Sollte es daran liegen, dass wir ein recht großes Zimmer verwenden? In gewisser Weise ja.

Von außen gesehen, also von unserem Beobachtungsstandort aus, erkennen wir, dass die Gegenstände (und das Zimmer mitsamt allem Inventar) nicht einfach Richtung Boden fallen. Genau besehen fällt ja alles in Richtung Erdmittelpunkt. In einem wirklich sehr großen Zimmer könnte dies bemerkt werden als ein langsames Aufeinanderzudriften der Gegenstände, die sich im Erdmittelpunkt treffen würden. Bemerkenswerterweise ist diese Bewegung sowohl vom frei fallenden Sternenfahrer wie auch von uns vom Boden aus beobachtet worden. Das, was wir gemeinhin mit »Schwerkraft« verbinden, verschwindet dagegen im frei fallenden Zimmer. Kann es sein, dass wir also einen unwesentlichen Aspekt der Gravitation beachtet haben, nur weil dieser vielleicht auffälliger ist? Dass das Wesentliche an der Gravitation in dem kleinen Effekt des Aufeinanderzudriftens liegt? Ist dieser Effekt vielleicht ein weiterer Hinweis auf die gesuchte Eigenschaft der Raumzeit? Denken Sie auch daran, dass wir solche »verschwindenden« Eigenschaften weiter oben »perspektivisch« nannten, also abhängig von einem bestimmten Bezugssystem.

Stillschweigend sind wir davon ausgegangen, dass die Gegenstände in gleicher Höhe losgelassen werden oder, was dasselbe ist, in unserem frei fallenden Zimmer, nebeneinander. Wenn aber unser mitfallender Kollege die Gegenstände übereinander loslässt? Wieder müssen wir einen unscheinbaren Effekt vergröbern: Die Gegenstände werden nun voneinander wegdriften, der untere Gegenstand fällt schneller als der obere. Sie machen sich das am einfachsten klar, wenn Sie an eine wirklich große Entfernung der übereinander losgelassenen Gegenstände denken.

Lassen wir den Kollegen nun eine ganze Schar von Gegenständen loslassen. Damit es hier einfacher beschrieben werden kann, sollen die Gegenstände selbst in Form einer Kugel angeordnet sein, und natürlich soll jede ohne eigene Bewegung sein. Während das Zimmer frei fällt und mit ihm die zur Kugel angeordneten Gegenstände darinnen, beobachten wir, wie die Kugel aus Gegenständen sich verformt. Die oberen fallen etwas langsamer, die unteren schneller. Seitlich streben die Gegenstände aufeinander zu, unten auch wieder schneller als oben. Die Kugel aus Gegenständen verliert ihre Kugelgestalt und wird dünner und länger. Hierbei handelt es sich um den sogenannten Gezeiteneffekt, dieser ist natürlich sehr klein.*

---

* Immerhin sorgt unser Gezeiteneffekt für einen Tidenhub von bis zu 21 Metern. Tatsächlich unterscheidet sich der Wasserstand während Ebbe und (Spring-)Flut in der Fundybai, einer 275 Kilometer langen Bucht an der kanadischen Ostküste, um diesen »haushohen« Betrag. Machen Sie sich aber klar, dass Sie mit einem »Ameisenblick« die Deformation einer »Wasserhohlkugel« von über 12 760 Kilometern Durchmesser um knapp zwei Dutzend Meter beobachten. Der Gezeiteneffekt zerriss 1992 den Kometen Shoemaker-Levy 9 bei einer starken Annäherung an den gewaltigen Jupiter. Der Komet war allerdings sehr wahrscheinlich nur eine mehr oder weniger lose Ansammlung von Teilstücken. Nach dem Auseinanderbrechen reihten sich nicht weniger als 21 Bruchstücke wie an einer Perlenschnur auf, mit Größen von ein bis zwei Kilometern, um zwei Jahre später im Verlauf von sechs Tagen spektakulär auf Jupiter zu stürzen.

Erst in der Nähe unseres Pulsars oder gar eines Schwarzen Loches würde er so mächtig, dass er alles zerreißen und zu Spaghetti verformen würde. Bevor wir diesen Effekt begrifflich schärfer fassen, müssen wir nochmals einen Blick auf das Äquivalenzprinzip werfen. Ein Zimmer, das hier auf der Erde frei fällt, ist also dem Gezeiteneffekt unterworfen. Mit scharfem Blick erkennen wir das am Verhalten der mitfallenden Gegenstände. Ein frei fallendes Zimmer bei den Sternfahrern dagegen wird diesen Gezeiteneffekt nicht spüren, da kein Himmelskörper in der Nähe ist, der die Raumzeit entsprechend verformen könnte. Sind dann doch nicht alle frei fallenden Zimmer äquivalent? Nein, wir haben das Prinzip nur nicht eindeutig genug formuliert.

Frei fallende Zimmer sind einander äquivalent. Nur müssen diese so klein gewählt werden, dass Gezeiteneffekte keine Rolle spielen. Und hierzu zählt auch, dass die Zeit des freien Falls entsprechend kurz gewählt wird. Was nicht einfach meint, dass dem Fallen oft eine »natürliche Grenze« auferlegt ist (der Erdboden). Gemeint ist, dass beim Fallen Gebiete durchfallen werden mit stärkeren Gezeiten oder sich die Gezeiten erst bei längerem Fallen bemerkbar machen. Hier bei uns auf der Erde müssen die Zimmer nicht einmal sehr klein sein. Bei den Sternfahrern werden die Zimmer gigantisch groß. Vielleicht müssen die Zimmer aber extrem klein werden, in der Nähe von Pulsaren zum Beispiel. Der freie Fall indes und das Prinzip bleiben dieselben.

Geodäten

Wenn der freie Fall nun nicht Eigenschaft des fallenden Gegenstandes ist, sondern auf der Struktur der Raumzeit beruht, dann liegt es nahe, einen eigenen Namen dafür zu verwenden. Die Bahnen frei fallender Gegenstände heißen »Geodäten«, ursprünglich ein Begriff aus der Geometrie.

⏰ Frei fallende Gegenstände bewegen sich auf Geodäten.

Wir setzen natürlich voraus, dass diese Gegenstände genügend klein sind, so dass der Gezeiteneffekt nicht an ihnen reißt, oder dass andere Störeinflüsse den freien Fall behindern.

Bei den Sternfahrern ist die Sachlage besonders einfach. Frei fallende Gegenstände bewegen sich auf Geraden. Geodäten sind dort, von den Zimmern aus gesehen, die nicht beschleunigt werden, Geraden. Andererseits erscheinen diese Geodäten-Geraden, also die Bahnen frei fallender Gegenstände, gekrümmt, wenn wir die Raketentriebwerke anschalten und uns selbst als Bezug nehmen. Nach dem Äquivalenzprinzip werden die Geodäten in Erdnähe ähnlich aussehen.

In einem gewissen Sinn sind die Geodäten aber die geradesten aller Bahnen, auf denen sich Gegenstände bewegen können. Denn »freier Fall« besagt ja, dass keine Kräfte auf den Gegenstand wirken – Kräfte, die einen Gegenstand aus der Bahn ablenken würden.

Beachten Sie, dass wir nicht von der Schwerkraft reden, die ablenkend auf den Gegenstand wirken könnte. Was bei Newton – und wohl bei den meisten von uns – die Schwerkraft ist, ist bei Einstein die Dehnung der Raumzeit. Newton sagt, dass ein Gegenstand geradeausfliegen will, aber von der Schwerkraft in seinem Flug abgelenkt wird, so dass er einen Bogen fliegt. Einstein sagt, dass ein Gegenstand geradeausfliegen will und dies auch im freien Fall tut. Nach Einstein folgt der Gegenstand der gedehnten Raumzeit, deren Struktur wiederum »krumm« ist, »krumm« wie eine hügelige Landschaft.

»Warum«, so Onkel Albert zur kleinen Memory in dem Büchlein ›Onkel Albert und der Urknall‹ von Stannard Russell, »nicht mit der Aussage beginnen, dass der natürliche Zustand das Fallen ist! Alles fällt in gleicher Art und Weise, das ist das Natürliche.« Recht hat er! Lesen Sie nochmals die Beispiele zum Äquivalenzprinzip nach. Wann bewegen sich die genannten Objekte auf ihren Geodäten?

Alle Dinge, die frei fallen, bewegen sich auf Geodäten, diese sind die geradesten aller Wege, auf denen sich Dinge bewegen können. Solange sich Dinge auf einer Geodäten bewegen, sind sie gewichtslos. Geodäten sind so etwas wie die natürlichen Schienen, auf denen die Dinge geführt werden. Um die Geodäten zu verlassen, muss eine Kraft aufgebracht werden. Ein Apfel, der vom Baum fällt, bewegt sich auf einer Geodäten, bis er auf dem Boden aufschlägt. Halten wir den Apfel in der Hand, so bewegt er sich nicht auf einer Geodäten. Deshalb müssen wir eine Kraft aufwenden, um ihn zu halten.

Wir stehen auf dem Boden, der uns daran hindert, unserer Geodäten zu folgen. Die Kraft, mit der der Boden gegen uns drückt, spüren wir als Gewicht. Springen wir in die Luft. Sobald unsere Füße den Kontakt mit dem Boden verlieren, bewegen wir uns auf einer Geodäten. Für diesen kurzen Moment sind wir gewichtslos.

Zwei Anmerkungen noch:

Zum einen sind Geodäten die geradesten Wege in der Raumzeit, aber nicht im Raum. Was in der Raumzeit gerade ist (im Sinne von geodätisch), kann im Raum krumm erscheinen (bei den Sternfahrern ist dies nicht so).

Wir können das oben Gesagte wiederholen. Newton sagt, dass Gegenstände versuchen, im Raum geradeaus zu fliegen und von der Schwerkraft abgelenkt werden. Der absolute Raum zeigt dabei, was gerade ist. Einstein sagt, dass Gegenstände versuchen, in der Raumzeit geradeaus zu fliegen und dies auch tun. Die (in einem gewissen Sinne absolute) Raumzeit zeigt, was gerade ist.

Zum anderen haben Geodäten noch eine weitere bemerkenswerte Eigenschaft. Geodäten der Raumzeit sind die längsten Bahnen unter den Wegen, die zwei Stellen der Raumzeit verbinden. Denken Sie daran, die zwei Stellen könnten auch derselbe Ort zu verschiedenen Zeiten sein, es geht ja um die Raumzeit. Andere sprechen deshalb auch neutraler von »Ereignissen«.

Sie erinnern sich noch, wie die Wege der Raumzeit gemessen werden? Eine gute Möglichkeit, und eine der einfachsten, ist das Ablesen einer mitgeführten Uhr. Eine Uhr, die der Geodäten folgt, wird also die meiste Zeit anzeigen. Sie wird gegenüber allen anderen Uhren vorgehen, die die anderen Bahnen nehmen. Die Geodäte hat das längste Raumzeit-Intervall. Wir können auch sagen, dass der Planet um die Sonne, der Satellit und der Mond um die Erde oder der fallende Apfel den längsten Weg in der Raumzeit wählen. Für sie vergeht auf ihrem Weg die meiste (Eigen-)Zeit. Bertrand Russell, Philosoph und Literaturnobelpreisträger, nennt dies das »Gesetz der kosmischen Faulheit«.

Krümmung

Wenn wir in einem Zimmer den Gezeiteneffekt feststellen, gibt es keine Möglichkeit, diesen durch irgendeine raffiniert durchgeführte Beschleunigung oder sonstige Manipulation zu beseitigen. Denken Sie daran, dass das, was wir gemeinhin der Schwerkraft zugeschrieben haben, sehr einfach zu beseitigen war. Sobald wir ein Zimmer frei fallen lassen, herrscht Schwerelosigkeit. Auch die Wahl eines sehr kleinen Zimmers und damit das Ausnutzen des Äquivalenzprinzips bringen uns nicht weiter, zeigt doch gerade der Zwang, das Zimmer hinreichend verkleinern zu müssen, dass der Gezeiteneffekt vorliegt. Dies ist wichtig.

Offensichtlich weist der Gezeiteneffekt auf eine Eigenschaft der Raumzeit hin, die objektiv ist – objektiv in dem Sinn, dass wir diese Eigenschaft durch Wechseln der Perspektive (was das Ändern der Zimmerbewegung letztlich bedeutet) nicht beseitigen können. Und wir haben auch schon eine »Messmethode« herausgefunden, ob der Gezeiteneffekt vorhanden ist. Wir beobachten einfach die Bahnen frei fallender Objekte und prüfen, ob diese auf bestimmte Weise voneinander abweichen oder aufeinander zustreben. Das einfache Auseinanderstreben genügt dabei natürlich nicht. Wir könnten ihnen ja verschiedene Richtungen oder unterschiedliche Anfangsgeschwindigkeiten mitgegeben haben.

Die Messung des Gezeiteneffektes wird, wie leicht einzusehen ist, wesentlich durchsichtiger, wenn die beiden frei fallenden Objekte zueinander ruhend starten. In der Raumzeit starten die beiden Testobjekte im Fachterminus also mit parallelen Geodäten. Wenn die Objekte dann voneinander abweichen und wir natürlich jede weitere Beeinflussung ausschließen können, so liegt der Gezeiteneffekt vor. Das, worauf wir also achten müssen, heißt im Fachterminus »geodätische Abweichung«.

Sie ist ein Maß dafür, wie die Bahnen frei fallender Objekte, also die Geodäten, voneinander abweichen, und sie ist aus jedem Zimmer zu beobachten, unabhängig davon, ob dieses selbst frei fällt, irgendwie beschleunigt ist oder zum Beispiel auf der Erde ruht. Darin gleicht sie dem Gezeiteneffekt, für den dies ebenfalls gilt.

Wir können drei Grundtypen der geodätischen Abweichung unterscheiden. Gehen wir wieder von zwei anfänglich parallelen Geraden aus:

Gauß und Riemann

Im Jahre 1820 bekam der Mathematiker Karl Friedrich Gauß (1777 bis 1855) den Auftrag, das Königreich Hannover zu vermessen. Gauß erkannte schnell, dass er mit den Mitteln der Schulgeometrie nicht weiterkommen würde. Eine Landschaft mit Senken und Hügeln ließe sich mit einer Geometrie, die nur ebene Flächen kennt, nicht korrekt beschreiben. Er entdeckte eine Methode, die Abweichung für jede Stelle dieser Landschaft von einer ideal ebenen Fläche anzugeben. Gauß nannte sie »theorema egregium«, das »hervorragende Theorem«. Ein zentraler Begriff in dieser Methode ist der der Krümmung. Gauß fand eine Formel, mit der die unterschiedliche Krümmung an jedem Ort berechnet werden kann.

Schon früh vermutete Gauß, dass auch der uns umgebende Raum gekrümmt sein könne. So meint er 1817: »Vielleicht werden in einer anderen Welt andere Einsichten in die Natur des Raumes gewonnen, die uns gegenwärtig verschlossen sind. Einstweilen müssen wir die Geo-

- Die beiden Geraden bleiben parallel, die geodätische Abweichung ist null.
- Die beiden Geraden gehen aus dem Parallelen aufeinander zu, die geodätische Abweichung wird positiv gezählt.
- Die beiden Geraden streben aus dem Parallelen voneinander weg, die geodätische Abweichung ist negativ.

Für jede dieser Abweichungen finden wir typische Flächen, wenn Sie so wollen: Modelle, auf denen diese einfach zu beobachten sind. Ein wichtiger Begriff der Raumzeitgeometrie ist der der Krümmung, auch diese wird an diesen typischen Modellflächen deutlich:

- Erstes Modell: der einfachste Fall, dass die Geodäten parallel bleiben. Das Modell hierfür ist die flache Ebene. Ein Stück Papier. Zeichnen Sie zwei parallele Linien darauf. Diese bleiben parallel. Das ist schon alles. Die Krümmung ist null.

metrie nicht auf eine Stufe stellen mit der Arithmetik, die rein logisch ist, sondern mit der Mechanik, die eine Erfahrungswissenschaft ist.«

Gauß' Schüler Georg Friedrich Riemann (1826 bis 1866) nahm diese Überlegungen auf und erweiterte sie auf beliebig viele Dimensionen. Auch Riemann gab eine Krümmungsformel an. Wie Gauß vermutete auch er, dass seine mathematische Theorie tatsächlich etwas mit der Geometrie der Welt zu tun haben könnte. So schließt er im Jahr 1854 seine Göttinger Antrittsvorlesung:

»Dies führt uns in den Bereich einer anderen Naturwissenschaft, der Physik, worauf einzugehen uns der Gegenstand dieser Arbeit heute nicht erlaubt.«

Aber die Zeit war noch nicht reif für solche Ideen. Erst Einstein schließlich gab diesen Erwartungen und Ahnungen die Kraft einer Theorie, indem er die Gravitation auf die Krümmung der Raumzeit zurückführte.

- Zweites Modell: Nehmen Sie einen Globus, ein Ball tut es natürlich auch. Am Äquator beginnen zwei Geodäten parallel. Das sind die Längenkreise. Am Nord- und am Südpol treffen sich diese. Die geodätische Abweichung ist positiv. Wie auch die Krümmung.
- Drittes Modell: Die Geodäten sollen sich voneinander wegbiegen. Nehmen Sie das Blatt Papier mit den parallelen Linien. Schneiden Sie das Blatt zwischen diesen Linien ein (sonst werden die Linien zerreißen). Fügen Sie an der Schnittlinie einen Papierkeil ein. Das Blatt wellt sich. Es formt sich (mit gewisser Unterstützung Ihrer Hand) zu einem Sattel. Die beiden Linien weichen jetzt natürlich voneinander ab (um den eingefügten Keil). Die Krümmung der Sattelfläche ist negativ.

Das soll – zunächst – an handwerklicher Herausforderung genügen. Ähnlich wie die geodätische Abweichung ist auch die Krümmung aus jedem Zimmer zu beobachten, egal wie sich dieses bewegt.

🕐 **Krümmung ist die Eigenschaft der Raumzeit, die die Effekte der Gravitation hervorruft.**

Haben wir dafür aber nicht den Begriff der Raumzeitdehnung?

Denken Sie daran, wie wir die Raumzeitdehnung durch die Beschleunigung eines Zimmers hervorgerufen haben. In einem solchen Zimmer treten deren typische Effekte wie zum Beispiel Uhrenverlangsamung oder Frequenzverschiebung auf. Die Raumzeitdehnung ist hier allein die Folge einer Beschleunigung des Zimmers.

Anders die Krümmung der Raumzeit, deren unmittelbare Auswirkungen der Gezeiteneffekt oder die geodätische Abweichung sind. Ist die Raumzeit gekrümmt, so ist sie dies von jedem Zimmer aus gesehen. Ist sie nicht gekrümmt, so lässt sich eine Krümmung auch nicht durch eine noch so raffinierte Bewegung oder ein sonstiges Manipulieren am Zimmer erzeugen.

Umgekehrt lässt sich eine vorhandene Krümmung auch nicht beseitigen.

Die Krümmung ist die oben gesuchte Eigenschaft der Raumzeit, die aller Bewegung und allen Effekten der Gravitation zugrunde liegt.

🕐 Raumzeitdehnungen treten in allen Zimmern auf,
die sich nicht auf Geodäten bewegen.

Dies ist so in den Zimmern der Sternfahrer, die beschleunigt werden und deshalb nicht mehr frei fallen. Und es ist auch so in den Kabinen, die auf der Erde ruhen und durch die Erde am freien Fall gehindert werden. Zusammen mit den oben beschriebenen Effekten der Raumzeitdehnung beobachten wir in diesen Zimmern auch, dass sich die Dinge so bewegen, als zerre eine Kraft an ihnen. Wir nennen diese Kraft gemeinhin Schwerkraft. Aber hinter der eigentümlichen Bewegung steckt nur, dass sich die Dinge weiterhin auf Geodäten bewegen, wir selbst dagegen nicht.

🕐 Raumzeitkrümmungen treten überall dort auf,
wo die Raumzeit durch die Anwesenheit von Materie
tatsächlich verzerrt ist.

Dies ist so in den Zimmern, die auf der Erde ruhen, die Effekte der Raumzeitdehnung sind dort Folge dieser Krümmung der Raumzeit. Dies ist nicht so in den beschleunigten Zimmern der Sternfahrer, die Raumzeitdehnung tritt dort wegen der nicht geodätischen Bewegung auf, also weil das Zimmer nicht frei fällt. Die Raumzeit ist dort nicht gekrümmt. Wenn wir diesen Sachverhalt in zwei kurze Sätze fassen:

🕐 Die Gezeiten sind die Folge der Krümmung
der Raumzeit. Die Schwerkraft ist Folge der
nichtgeodätischen Bewegung.

Die Schwerkraft tritt fast zwangsläufig in Gebieten gekrümmter Raumzeit auf, da die Ursache der Krümmung der Raumzeit zumeist auch Ursache dafür ist, dass geodätische Bewegungen aufgehalten werden. Oder einfacher ausgedrückt: Der Himmelskörper, der die Raumzeit krümmt, ist zugleich dem freien Fallen im Wege.

Modell

Lassen wir Gegenstände an der Erde vorbeifallen und beobachten deren Bahnen: Die Bahnen zweier Gegenstände, vorbei an derselben Seite der Erde, weichen voneinander ab, denken Sie an den Gezeiteneffekt. Offensichtlich ist die Raumzeit um die Erde herum negativ gekrümmt. Gleich große Raumzeitgebiete sind umso weniger negativ gekrümmt, je weiter weg von der Erde sie sich befinden. Aber die Bahnen zweier Gegenstände links und rechts an der Erde vorbei biegen sich aufeinander zu. Wo ist das positiv gekrümmte Raumzeitgebiet? Es bleibt nur der Ort der Erde! Das Raumzeitgebiet, das die Erde einnimmt, ist positiv gekrümmt.

Können wir das mit unserer Beispielfläche nachbauen?

Ein großes Blatt Papier. Darauf stülpen wir eine Halbkugel als Modell für die positive Krümmung am Ort der Erde. Jetzt müssen wir noch die Halbkugel ins flache Papier »vermitteln«. Verlängern wir die Kugel trichterförmig, so klappt das, ohne dass Kanten und Brüche entstehen. Wie ein Trompetentrichter mit halbkugelförmigem Aufsatz steht unser Modell vor uns.

Oder denken Sie an eine Gummimatte, die durch einen schweren Gegenstand eingedrückt wird. Der »Eindruck«, der hierbei entsteht, hat ebenfalls die gesuchte Form. Die Form reicht in die »Tiefe« statt in die »Höhe«. Dem Modell ist das gleich. Oft finden Sie dieses Bild als Vorstellungshilfe für die Einstein'sche Gravitationstheorie. Eine Kugel drückt eine Matte ein, eine andere kleinere Kugel rollt darauf zu und fällt mehr

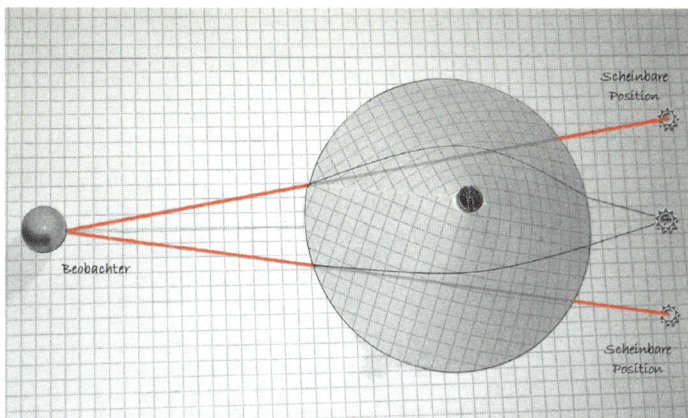

Scheinbare Position

Beobachter

Scheinbare Position

oder weniger schnell in einer Spiralbahn in den Trichter der größeren Kugel oder wird »schwungvoll« daran abgelenkt.

Diese Vorstellung ist allerdings falsch, wenn Sie davon ausgehen, das Hineinrollen in den Trichter oder überhaupt das Rollen der Kugeln über die Matte spiele eine Rolle. Richtig ist diese Vorstellung dann, wenn Sie an die geometrischen Eigenschaften denken, die Sie an unserem Modell erkennen können. Denken Sie bei dem Modell also nicht an rollende Kugeln, sondern an Linien, Dreiecke und Kreise – nicht an Bewegung, sondern an Geometrie! Die Lichtablenkung bzw. der Gravitationslinseneffekt ist schnell an unserem Trichtermodell eingesehen. Überhaupt die Ablenkung von Gegenständen. So haben wir ja das Modell konstruiert, dass Geodäten in »rechter Weise« gebogen werden, wenn unser Modell auch keine Unterschiede in der Geschwindigkeit macht, was aber eigentlich ein wesentlicher Aspekt der Raumzeitgeodäten ist.

Übrigens wird die Geometrie, die einer nicht gekrümmten Raumzeit zugrunde liegt, auch euklidisch genannt. Das hat seinen Grund darin, dass auch in der euklidischen Geometrie zum Beispiel Parallelen parallel bleiben. Die euklidische Geometrie ist gültig in der nicht gekrümmten Raumzeit. Entsprechend heißt die Geometrie der gekrümmten Raumzeit nichteuklidisch.

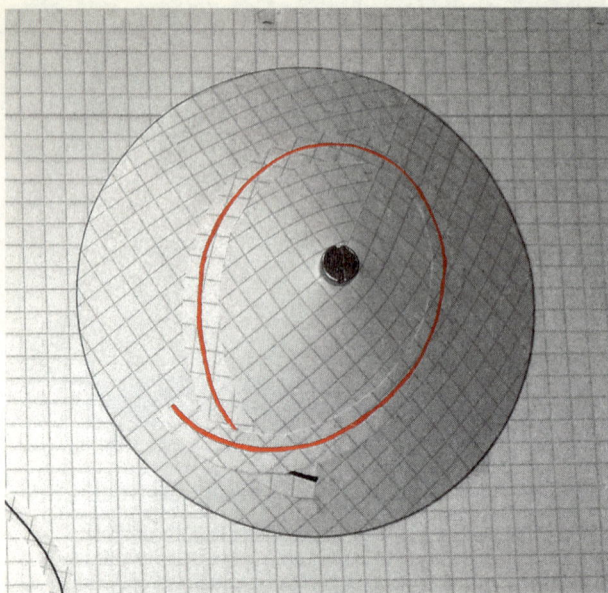

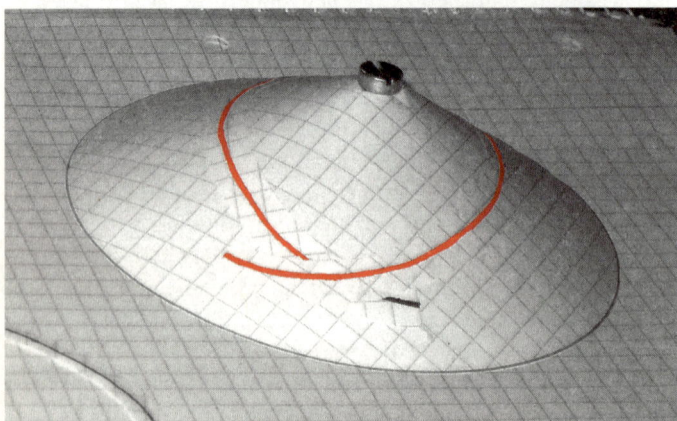

Die Periheldrehung an unserem Kegelmodell. Deutlich ist das Überlappen der »Umlaufbahn« zu erkennen; sie schließt sich nicht mehr.

Betrachten wir ein noch einfacheres Modell, das nicht nur die Lichtablenkung, sondern auch die Periheldrehung bzw. die geodätische Präzession zeigen kann. Dieses Modell ist schnell gebastelt: Schneiden Sie aus einem Blatt Papier eine kaffeetellergroße Papierscheibe aus und formen Sie diese zu einem flachen Kegel, indem Sie die Scheibe bis zum Mittelpunkt einschneiden und zusammenschieben. Kleben Sie ihn noch nicht, nehmen Sie besser eine Büroklammer, um den flachen Kegel zu fixieren.

Zuerst wollen wir sehen, ob wir das Licht an unserem Kegelmodell ablenken können. Legen Sie dieses am einfachsten wieder flach auf den Tisch und ziehen darauf mit dem Lineal eine Linie, das ist unser Lichtstrahl. Die Linie sollte nahe am Rande entlanggehen, wir wollen ja nicht übertreiben – am besten gegenüber dem Einschnitt, sonst zerreißt der Lichtstrahl. Formen Sie wieder den flachen Kegel und setzen Sie ihn auf ein weiteres Blatt Papier. Jetzt verlängern Sie möglichst gerade die Linie dort, wo sie vom Kegel auf das Blatt Papier trifft. Sehen Sie, wie die ursprünglich gerade Linie nun abgelenkt wird? Am Ende der Linie befindet sich unser Stern, die »Quelle« der Linie.

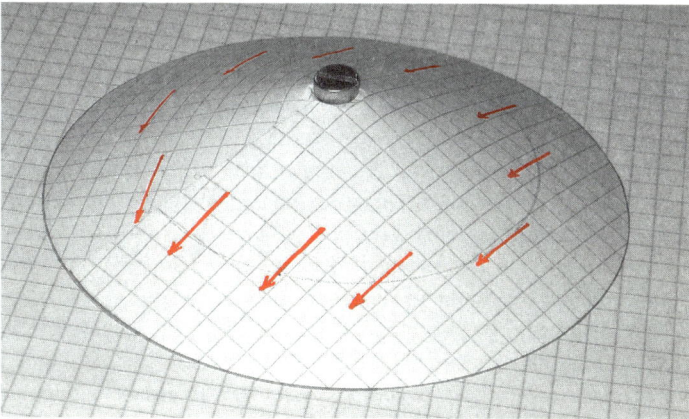

Die geodätische Präzession am Kegelmodell

Schauen Sie nicht dieser Linie nach, sondern »geradeaus«. Dort würden wir den Stern nun vermuten.

Jetzt die Periheldrehung. Hier müsste man genau genommen eine Ellipse zeichnen, doch für unsere Zwecke genügt eine einfachere Form. Zeichnen Sie – frei Hand – ein Oval und schneiden Sie dieses mit einem großzügigen Rand aus. Der Rand wird verhindern, dass Sie beim Aufkleben das Oval zerknittern oder abknicken. Das Oval schneiden Sie an einer Stelle auf. Wenn Sie die Schnittkante des Kegels nun zusammenschieben, werden Sie bemerken, dass sich das Oval nicht mehr schließen lässt. Vielmehr überkreuzen sich die Enden. Welche Kurve können wir erwarten, wenn wir an die offenen Endpunkte weitere anfügen? Es wird sich eine Rosette herausbilden.

Wir wollen schließlich noch einen letzten Effekt betrachten. Es ist eines der schönsten Beispiele für die Veränderung geometrischer Figuren auf unserem Kegelmodell und entspricht dem Kreiselexperiment Gravity Probe B.

Innen oder außen

Wir sehen buchstäblich die Krümmung unserer Beispielflächen, diese sind als zweidimensionale Flächen in die dritte Dimension der Höhe hineingekrümmt. Ist dies bei der Raumzeit ebenso? Gibt es auch hier eine »Höhe«, eine weitere Dimension? Auch das Gummimatten-Modell mit den rollenden Kugeln legt ja diese Frage nahe.

Nein, für Einstein ist die Krümmung eine sogenannte »innere« Eigenschaft der Raumzeit, also eine Art innere Verzerrung. Denken Sie an ein Gummituch, das sich verzerren lässt, auch wenn es auf einer ebenen Fläche fixiert bleibt. Auch dann ändert sich die Geometrie auf diesem Gummituch und weichen Geraden voneinander ab.

Ja, mehr noch. Unsere Physik würde bei mehr als vier Dimensionen (drei des Raumes und einer der Zeit) nicht mehr stimmen. Oder vorsichtiger ausgedrückt: Sollten wirklich mehr als vier Dimensionen existieren, so dürften diese die bisher sehr erfolgreiche Beschreibung der Welt durch die Physik nicht »stören«. Viele Theorien, die um die Nachfolge der Einstein'schen Theorie ringen, setzen aber mehr als vier

Gehen wir wieder vom flachen Blatt Papier aus. Wir zeichnen als Stellvertreter für einen Kreiselkompass an verschiedenen Stellen kleine Pfeile auf eine Papierscheibe, die später zum Kegel geformt werden soll. Der Kreiselkompass soll das Zentrum umrunden, zeichnen Sie also die Pfeile entlang eines Kreises, der den späteren Kegelmittelpunkt umschließen soll. Achten Sie dabei darauf, dass die Pfeile in dieselbe Richtung zeigen – so wie ein Kreiselkompass seine Richtung beibehält. Falten Sie wieder den Kegel auf und achten Sie darauf, was an der Schnittkante mit den Pfeilen geschieht. Sie werden feststellen, dass die Richtung der Pfeile abweicht.

Je nachdem, wie weit Sie die Seiten des Kegels ineinander schieben, ist der Unterschied in den Pfeilrichtungen unterschiedlich groß. Diese Verschiebung der Richtung eines Kreiselkompasses kennen Sie als geodätische Präzession. Deshalb nannten wir diese oben einen geometrischen Effekt. Geometrisch gesehen haben Sie den Pfeil parallel zu sich einmal um den

Dimensionen voraus. Die bekannteste und bisher aussichtsreichste Kandidatin um die Nachfolge, die Stringtheorie, rechnet sogar mit bis zu zehn Dimensionen. Strings, fadenförmige Objekte, sollen hierbei durch Schwingungen als elementare Bausteine alle Materie und alle Kräfte zwischen diesen aufbauen.

Möglich ist dies aber nur, wenn diese zusätzlichen Dimensionen quasi aufgerollt sind, also einfach sehr klein sind – klein genug, dass jede bisherige Messung nicht auf sie gestoßen ist. Es könnte sogar sein, dass unsere gesamte Welt »gefangen« ist in den bekannten vier Dimensionen und allein die Gravitation in die anderen hineinreicht, was ihre Sonderstellung wie zum Beispiel ihre Schwachheit erklären könnte.

So können diese Theorien Einsteins Gravitationstheorie umfassen, ohne in Widerspruch mit ihren bisherigen großartigen Erfolgen zu geraten.

Zukünftige Messungen könnten aber diese zusätzlichen Dimensionen erschließen. LISA (siehe Seite 77) zum Beispiel könnte dies.

Kegel des Tütchens transportiert. Dieser Paralleltransport entlang einer geschlossenen Kurve einer gerichteten Größe, die Sie Pfeil nennen können, die geometrisch aber ein Vektor ist, misst direkt die Krümmung des umfahrenen Gebietes. Die geodätische Präzession ist neben der geodätischen Abweichung eines der zentralen Maße für die Krümmung des betreffenden Gebietes.

Messen Sie auch den Umfang des Kreises auf der Bodenfläche des Kegels und vergleichen Sie diesen mit dem Durchmesser des Kreises, den Sie über die Kegellänge ermitteln können. Der Shapiro-Effekt sagt, dass dieser Durchmesser größer ist als nach dem Umfang berechnet. Deshalb messen wir ja einen gedehnten Raum in Sonnennähe.

Beachten Sie, dass anders als im Trichtermodell die Oberfläche des Kegels selbst nicht gekrümmt ist. Zwei Parallelen bleiben darauf parallel – sofern sie nicht die Kegelspitze »umschließen« oder über die Kegelkante hinausreichen. Die gesamte positive Krümmung des Kegels steckt in der Spitze, die negative in dieser Kante – anders als bei unserem Trichter, bei dem die Krümmung »schön« über die Oberfläche verteilt ist. Und auch anders als in der Raumzeit der Erde, die ebenfalls keine »Spitzen« und »Kanten« hat.

Stellen Sie sich vor, wie es wohl Mikrobenwesen auf dem Trichter ergehen müsste, die keinen Blick, keinen Sinn »für Höhe« hätten. Welche Geometrie würden sie dort oder auf der Ebene ersinnen? Wie würde es ihnen wohl beim Bau von Straßen, Gleisen und Häusern ergehen?

Das Gesetz der Krümmung

Wir haben schon alles zusammen: Aus den Experimenten mit Satelliten und den Beobachtungen zum Beispiel von Pulsaren wissen wir, dass nicht nur die Masse eines Himmelskörpers die Raumzeit krümmt. Gerade Gravity Probe B zeigt, dass auch die

Drehung eines Himmelskörpers wie der Erde auf die Raumzeit greift, die Bewegung verformt die Raumzeit.

Wenn wir noch genauer hinschauen, dann erkennen wir, dass auch die Spannungen innerhalb eines Objektes, die Zug- und Druckkräfte die Raumzeit beeinflussen, was allerdings erst bei massiven Himmelskörpern wie Pulsaren eine Rolle spielt. Doch das ist erst die eine Seite.

Die andere Seite ist der Einfluss der gekrümmten Raumzeit auf die Materie. Wir haben diesen Einfluss an den Bewegungen zum Beispiel der Satelliten, der Probekörper in den Satelliten oder des Lichtes gesehen. Die Krümmung der Raumzeit zwingt über die Verbiegung der Geodäten den Objekten eine Bewegung auf, als greife eine Kraft nach diesen. Der freie Fall der Objekte wird beeinflusst.

John A. Wheeler, einer der führenden Köpfe der Gravitationsforschung, fasst diese Zusammenhänge in der einfachen und treffenden Aussage zusammen: »Die Raumzeit greift die Masse, indem sie deren Bewegung bestimmt, und die Masse greift die Raumzeit, indem sie deren Krümmung bestimmt.«

Aber ist die Raumzeit nicht auch dort gekrümmt, wo keine Materie ist? Ja. Denken Sie an eine Seifenhaut, in die ein Stängel oder eine Drahtschlinge hineingedrückt wird, ohne diese natürlich zu zerreißen. Diese Seifenhaut ist auch dort noch gekrümmt, wo weder Stängel noch Drahtschlinge »eindrücken« – gekrümmt wie ein geschwungener Trichter, eine Minimalfläche, wie es im Fachjargon der Physik heißt. Oder denken Sie an die eingedrückte Gummimatte.

Offensichtlich reagiert die Raumzeit genauso. Immer wenn wir in unseren Beobachtungen von Geodäten oder dem Transport von Kreiseln die Erde »umschließen«, messen wir eine positive Krümmung. Erinnern Sie sich zum Beispiel an den Gravitationslinseneffekt. Auf diese positive Krümmung wirkt die Raumzeit ausgleichend. Einerseits gibt sie die positive Krümmung an die Umgebung weiter und verteilt sie auf immer größere Gebiete, die Krümmung wird also in die umgebende Raumzeit verdünnt. Andererseits reagiert sie mit negativer Krümmung. Die Geodäten zweier fallender Gegenstände weichen voneinander ab, wir haben dieses als Gezeiteneffekt kennen gelernt. Der Gezeiteneffekt ist demnach also die Reaktion der Raumzeit auf den »Eindruck« eines Himmelskörpers, in den Gezeiten zeigt sich die Krümmung dort, wo die Raumzeit ausgleichend wirkt und die Krümmung weitergibt. Das ist kompliziert ausgedrückt, im Kern aber nichts anderes als das, was die Seifenhaut macht. Sie gibt den »Eindruck« eines Stängels nach außen hin weiter, während sie diesen zum Rest der Seifenhaut ausgleicht.

Dass die Raumzeit ausgleichend wirkt, zeigt sich darin, dass wir »mittlere« Krümmungen berechnen können, die außerhalb jeder Materie null sind. Einstein hat einen Satz von Rechenregeln aufgestellt, wie diese mittleren Krümmungen gebildet werden können. Eine solche mittlere Krümmung erhalten wir zum Beispiel dadurch, dass wir quasi die »Wirkungen« aus dem bisher vorgestellten Gezeiteneffekt aufsummieren.

Dieser Zusammenhang ist immens wichtig. Einstein erfasste ihn in seinen berühmten Feldgleichungen, aus ihnen können alle wesentlichen Bestimmungsgrößen der Raumzeit berechnet werden. Wir wollen es hier das Gesetz der Krümmung nennen, weil es bestimmt, wie Krümmung und Materie zusammenhängen. Im Wesentlichen können wir das Gesetz so aufschreiben:

$$\left(\begin{array}{c} \text{Mittlere Krümmung} \\ \text{eines Gebietes} \\ \text{der Raumzeit} \end{array} \right) = 0$$

Dies gilt für die Gebiete außerhalb der Materie. An der Stelle der Materie selbst, also dort, wo sie die Raumzeit eindrückt und verformt, muss auf der rechten Seite die Materie und ihre Bewegung stehen. Die Feldgleichungen werden also (im Wesentlichen) lauten:

$$\left(\begin{array}{c} \text{Mittlere Krümmung} \\ \text{eines Gebietes} \\ \text{der Raumzeit} \end{array} \right) = \left(\begin{array}{c} \text{Masse der Materie} \\ \text{und ihre} \\ \text{Bewegungen} \end{array} \right)$$

Wir haben einen weiten Weg zurückgelegt mitten in das Herz der Einstein'schen Theorie. Das ist die Quintessenz seiner Gravitationstheorie:

⏱ **Materie greift Raumzeit und bestimmt deren Krümmung.**
Raumzeit greift Raumzeit und gibt die Krümmung weiter.
Raumzeit greift Materie und bestimmt deren Bewegung.

So erstaunlich unsere Welt ist, umso erstaunlicher ist, dass menschlicher Geist diese Welt zu erfassen vermag. Das Abenteuer des Wissens beginnt in unseren Köpfen. Wir brauchen nur die Neugier des Forschers und den Mut, unsere bisherigen gewohnten Anschauungen über Bord zu werfen.

»Das Unbegreifliche an der Welt ist, dass sie begreifbar ist«, so Einstein. Auf den Schultern des Riesen erhaschen auch wir einen Blick in seine Welt. In unsere Welt.

Anhang

Zum Weiterlesen

Bücher

Jede Buchauswahl ist relativ. Nicht alles liste ich hier auf, was ich mit Gewinn für den vorliegenden Text gelesen habe, denn es würde nur wiederholt werden, was in den genannten Büchern wiederum angeführt ist. Deshalb beschränke ich mich auf einige »Highlights« meist weniger oft genannter Bücher:

Bührke, Thomas: ›E=mc². Einführung in die Relativitätstheorie‹. München: Deutscher Taschenbuch Verlag, 4. Aufl., 2002.
Schneller und kompetenter Einstieg in die Relativitätstheorie von dem bekannten Wissenschaftsjournalisten.

Calder, Nigel: ›Einsteins Universum‹. Aus d. Engl. von Wolfram Knapp. Frankfurt a. M.: Umschau Verlag Breidenstein GmbH, 1980.
Ein Lesebuch im besten Sinn des Wortes. Eine lebendige Einführung in bilderreicher Sprache, vor allem unter dem Aspekt der Energie.

Einstein, Albert: ›Grundzüge der Relativitätstheorie‹. Braunschweig: Friedrich Vieweg & Sohn, 3. Aufl., zugleich 5., erweiterte Auflage der ›Vier Vorlesungen über Relativitätstheorie‹ 1963.
Der »Meister« selbst. Die gelungene Übersetzung in eine einfache Sprache ist typisch für Einstein. Dies Buch hier nur stellvertretend für seine anderen Arbeiten.

Epstein, Lewis Carroll: ›Relativitätstheorie anschaulich dargestellt: Gedankenexperimente, Zeichnungen, Bilder‹. Aus d. Engl. von Udo Rennert. Basel, Boston, Stuttgart: Birkhäuser 1985.
Eine Einführung in die Geometrie der Theorie. Flüssig zu lesen und tatsächlich anschaulich. Beeindruckend ist das Kegelmodell zur Zeitverlangsamung.

Fritzsch, Harald: ›Die verbogene Raumzeit. Newton, Einstein und die Gravitation‹. München: Piper Verlag, 2. Aufl., 1998.
Sehr gehaltvoll. Newton, Einstein und ein heutiger Wissenschaftler im Gespräch. Von den Anfängen der Theorie in den Gedanken Einsteins bis zu Schwarzen Löchern und dem Urknall.

Petit, Jean-Pierre: ›Die Abenteuer des Anselm Wüsstegern. Das Geometrikon‹. Aus d. Franz. von A. Pierre und P. Weber. Weinheim: Physik-Verlag, 1982.
Petit, Jean-Pierre: ›Die Abenteuer des Anselm Wüsstegern. Das schwarze Loch‹. Aus d. Franz. von A. Pierre und P. Weber. Weinheim: Physik-Verlag, 1982.
Zwei liebenswert und witzig gezeichnete Abenteuergeschichten. Anselm Wüsstegern und der Leser lernen in elementarer Weise die Grundlagen der Geometrie gekrümmter Flächen und Räume kennen.

Russell, Bertrand: ›Das ABC der Relativitätstheorie‹. Neu hrsg. von Felix Pirani. Aus d. Engl. von Uta Dobl und Erhard Seiler. Frankfurt a. M.: Fischer Taschenbuch Verlag GmbH, ungekürzte Ausgabe 1989.
Leicht und abwechslungsreich geschrieben. Scheut keine einfachen Vergleiche, bleibt dabei aber präzise in der Darstellung. Frei nach Russells Worten hört das Buch nicht auf, verständlich zu sein, wo es etwas von Bedeutung sagt.

Stannard, Russell: ›Onkel Albert und der Urknall. Eine neue Geschichte um Einstein und seine Theorie‹. Aus d. Engl. von Ulli und Herbert Günther. Bindlach: Loewe, 1991.
Erzählt die phantastischen Abenteuer des kleinen Mädchens Memory in der Einstein'schen Welt, ihr Lehrer auf der Entdeckungsreise ist Albert Einstein selbst. Als Kinderbuch schnell verschlungen.

Wheeler, John Archibald: ›Gravitation und Raumzeit. Die vierdimensionale Ereigniswelt der Relativitätstheorie‹. Heidelberg: Spektrum-der-Wissenschaft-Verlagsgesellschaft GmbH, 1991.
Eindrucksvoll poetische, zum Teil auch anspruchsvolle Hommage an die Theorie Einsteins. Lebendig und bildhaft geschrieben. Wer sich mitnehmen lässt (und lassen kann), gewinnt einen tiefen Einblick in den Kern der Theorie.

In seiner Sonderheftreihe »Biographien« stellt ›Spektrum der Wissenschaft‹ Leben und Werk berühmter Wissenschaftler vor. Dargestellt wird auch das soziale und gesellschaftspolitische Umfeld. Die Biografien sind reich an Bildern und Zitaten.
»Einstein. Das neue Weltbild der Physik«. 4/1999.
»Newton. Ein Naturphilosoph und das System der Welten«. 1/1999.
»Galilei. Leben und Werk eines unruhigen Geistes«. 1/1998.

Zitate und Ähnliches sind Folgendem entnommen

(Albert Einstein)
Das Zitat von George B. Shaw findet sich in: ›Albert Einstein: Mein Weltbild‹. Hrsg. v. Carl Seelig. München: Ullstein, 27., unverändert. Aufl. 2001, Seite 208.

(Meine Zeit – deine Zeit)
Eddington, Arthur Stanley: ›Das Weltbild der Physik und ein Versuch seiner philosophischen Deutung (The nature of the physical world)‹. Braunschweig: Friedrich Vieweg & Sohn, 1931, Seite 133.

(Lichtablenkung)
Die Abhandlung von Soldner ist nachgedruckt in ›Ann. d. Physik‹ 65 (1921) und zitiert nach Wambsganss, J.: »Gravitational Lensing« in ›Astronomy, Living Rev. Relativity‹, 1, (1998), 12. [Online Article]: Version 12. 4. 2004,
http://www.livingreviews.org/Articles/Volume1/1998–12wamb.
Einstein, Albert: »Über den Einfluß der Schwerkraft auf die Ausbreitung des Lichtes«, ›Ann. d. Phys‹. 35 (1911); nachgedruckt in: Lorentz, H. A.; Einstein, A.; Minkowski, H.: ›Das Relativitätsprinzip: eine Sammlung von Abhandlungen‹. Stuttgart: Teubner, 9. Aufl., unveränd. Nachdr. d. 5. Aufl. von 1923, 1990, S. 72–80; Seite 80.

Einstein, Albert: »Die Grundlage der allgemeinen Relativitätstheorie«, ›Ann. d. Phys.‹ 49 (1916), nachgedruckt in: Lorentz, H. A.; Einstein, A.; Minkowski, H., a.a.O., S. 81– 24; Seite 124.

(Linsen aus Raum und Zeit)
Den Hinweis auf das Weinglas habe ich bei Frederic Chaffee gefunden: Chaffee, Frederic H.: »Eine Gravitationslinse wird entdeckt«, in: ›Gravitation. Raum-Zeit-Struktur und Wechselwirkung‹. Heidelberg: Spektrum der Wissenschaft Verlagsgesellschaft, 3. Aufl. 1989.

(Periheldrehung)
C. P. Snow: »Albert Einstein 1879–1955«, in: French, A. P.: ›Albert Einstein. Wirkung und Nachwirkung‹. Aus d. Engl. von Sylvia Oeser. Braunschweig, Wiesbaden: Friedrich Vieweg & Sohn, 1985, S. 63–70.

(Newton)
Die Zitate Newtons sind seinen Mathematischen Prinzipien entnommen und zitiert nach: Hoffmann, Banesh: ›Einsteins Ideen: das Relativitätsprinzip und seine historischen Wurzeln‹. Aus d. Amerik. von Hajo Suhr. Heidelberg: Spektrum der Wissenschaft Verlagsgesellschaft, 2. Aufl. 1988, S. 47.

(Galileo Galilei)
Das Zitat Galileis stammt aus seinem Dialog über die Weltsysteme und ist zitiert nach http://www.physik-pro.de (Suche in News & Artikel: Galilei).
Julian Schwinger: ›Einsteins Erbe. Die Einheit von Raum und Zeit‹. Aus d. Amerikan. V. Claus Kiefer. Heidelberg: Spektrum der Wissenschaft Verlagsgesellschaft, 2. Aufl. 1988, S. 109

(Im freien Fall)
Julian Schwinger a.a.O., S. 110.
Im Internet lässt sich hierzu auch ein (Quicktime-)Video herunterladen, http://nssdc.gsfc.nasa.gov/planetary/lunar/
apollo_15_feather_drop.html.
Douglas Adams: ›Das Leben, das Universum und der ganze Rest‹. Aus d. Engl. v. Benjamin Schwarz. München: Rogner & Bernhard GmbH & Co. 1983, S. 71

(Das Äquivalenzprinzip)
Verne, Jules: ›Die Reise um den Mond‹. Pawlak Taschenbuch Verlag, Berlin 1984; die S. 88, 90 und 91.
Eric M. Rogers und I. Bernhard Cohen: ›Die Demonstration des Äquivalenzprinzips‹, in French a.a.O., S. 225–226.
Einstein 1911, a.a.O., S. 73.

(Geodäten)
Stannard, Russell a.a.O., S. 37

(Gauß und Riemann)
Zitiert nach Harrison, Edward R.: ›Kosmologie. Die Wissenschaft vom Universum‹. Aus d. Amerik. Von Helma und Günther Schwarz. Darmstadt: Darmstädter Blätter, 1983, S. 244.

Onlinequellen

Heute unumgänglich sind Onlinequellen. Ich habe versucht, mich auf Internetseiten zu beschränken, die einerseits für Qualität stehen, andererseits sehr wahrscheinlich auch noch in übernächster Zeit erreichbar sind (d: deutsch, e: englisch).

Albert Einstein
http://www.einstein-website.de (d)
http://www.westegg.com/einstein (e)
http://www.einsteingalerie.de (d)
http://www.alberteinstein.info (e)
http://www.albert-einstein.org (e)
http://www.aip.org/history/einstein (e)

Albert-Einstein-Institut, MPI für Gravitationsphysik
http://www.aei-potsdam.mpg.de (e)

Einsteinturm des AIP
http://aipsoe.aip.de (d)

Seiten der »Nobel Foundation« mit interessanten Artikeln zu den preis-
gewürdigten Wissenschaftlern, kompetente Einführungen
http://www.nobel.se (e)
Dort kann auch die berühmte Tischrede G. B. Shaws als Videofilm heruntergeladen werden.

Der ESA-Satellit Hipparcos
http://www.esa.int/science/hipparcos (e)

Die Saturnsonde Cassini-Huygens
http://saturn.jpl.nasa.gov (e)

Gravity Probe B
http://einstein.stanford.edu (e)

Radio-Observatorium Effelsberg (MPI für Radioastronomie, Bonn)
http://www.mpifr-bonn.mpg.de (d)

(u. a.) VLBI am NASA Goddard Space Flight Center
http://www.gsfc.nasa.gov (e)

Gravitationswellendetektor GEO600
http://www.geo600.uni-hannover.de (e)

Gravitationswellendetektoren LIGO
http://www.ligo.caltech.edu (e)

Projekt LISA
http://lisa.jpl.nasa.gov (e)

Projekt STEP
http://einstein.stanford.edu/STEP (e)

ZARM Fallturm
http://www.zarm.uni-bremen.de (e)

Übersichtsartikel der deutschsprachigen Physik-Newsgroup
http://theory.gsi.de/~vanhees/faq (d)

Galerien
http://hubblesite.org/gallery (STSI Baltimore, e)
http://www.jpl.nasa.gov/images (JPL California, e)
http://chandra.harvard.edu/photo (Harvard Smith. Center,
Cambridge, e)
http://www.nasa.gov/vision/universe/features (NASA, e)

Sonnensystem
http://www.nineplanets.org (e)
http://www.wappswelt.de/tnp/nineplanets (d)

Eine wichtige Onlinequelle ist die (englischsprachige) detailreiche
Abhandlung von Clifford M. Will, in der er viele der Experimente zur
Gravitationstheorie Einsteins auflistet und bzgl. ihrer Messgenauigkeit
einordnet.

Will, C.M. »The Confrontation between General Relativity and Experiment«, Living Rev. Relativity, 4, (2001), 4. [Online Article]: Version
12. April 2004
http://www.livingreviews.org/Articles/Volume4/2001-4will (e)

Generell sind viele interessante Artikel über unseren Themenbereich zu
finden, die im PDF-Format heruntergeladen werden können. Die
Artikel sind in Englisch und setzen fundiertes Wissen, zumindest aber
starke wissenschaftliche Neugier voraus.
http://www.livingreviews.org

Mich finden Sie übrigens unter der Adresse http://www.kornelius.de
Unter meiner Adresse finden Sie unter anderem ebenfalls eine kleine
Einführung in die Einstein'sche Theorie.

Register